宠爱一生

学会好好

爱狗狗

张春红 主编

江西科学技术出版社

图书在版编目（CIP）数据

宠爱一生：学会好好爱狗狗 / 张春红主编. -- 南昌：江西科学技术出版社，2018.10
ISBN 978-7-5390-6356-0

Ⅰ. ①宠… Ⅱ. ①张… Ⅲ. ①犬—饲养管理 Ⅳ. ①S829.2

中国版本图书馆CIP数据核字(2018)第097424号

选题序号：ZK2018188
图书代码：B18048-101
责任编辑：张旭　万圣丹

宠爱一生：学会好好爱狗狗

CHONGAI YISHENG：XUEHUI HAOHAO AI GOUGOU

张春红　主编

摄影摄像	深圳市金版文化发展股份有限公司
选题策划	深圳市金版文化发展股份有限公司
封面设计	深圳市金版文化发展股份有限公司
出　　版	江西科学技术出版社
社　　址	南昌市蓼洲街2号附1号
	邮编：330009　电话：（0791）86623491　86639342（传真）
发　　行	全国新华书店
印　　刷	深圳市雅佳图印刷有限公司
开　　本	720mm×1020mm　1/16
字　　数	150 千字
印　　张	10
版　　次	2018年10月第1版　2018年10月第1次印刷
书　　号	ISBN 978-7-5390-6356-0
定　　价	39.80元

赣版权登字：-03-2018-141

Preface 序言

狗是一种有灵性的动物，它们的外形招人喜欢，嗅觉灵敏、动作敏捷、忠诚贴心、聪明能干。随着人们社会生活水平的提高，狗狗在我们的生活中也扮演着越来越重要的角色，如军犬、警犬、导盲犬等。但它们更多是以陪伴者的身份进入到众多的家庭中，给爱犬者的生活带来无限乐趣。

本书详细介绍了受欢迎的家养狗狗品种、狗狗的日常护理清洁知识、狗狗的喂养知识、狗狗的基础动作的训练指导、常见病症的治疗方法等。全书通过简洁的语言并搭配狗狗大量的生活照，向广大养犬爱好者讲解日常驯养狗狗的基础知识。希望每一位主人都能读懂狗狗的语言，对自家狗狗的性格、爱好有基本的了解，并通过日常的训练培养狗狗的服从性，顺利纠正狗狗吃饭争抢没有规矩、出门乱跑乱叫不听指挥、在家随便撕咬物品等坏习惯。相信养犬爱好者们通过翻阅本书，都能学会如何照料家中的爱犬，做个称职的好主人，帮助狗狗融入自己的生活，并且与你友好相处，让生活增添多一点乐趣，让你和狗狗之间留下许多美好的记忆。

只要你用心学习，耐心指导，选狗、养狗、驯狗都是极具乐趣的事情。由于本人水平有限，经验不足，书中难免会有不妥和疏漏之处，恳请各位读者批评指正。

狗狗的身体构造

狗狗一般给人留下体格强壮、肌肉发达的印象，它站立时体形可呈长方形（腊肠犬）或正方形。养犬爱好者对狗狗整体结构和体型外貌的初步认识，是走进狗狗世界的第一步。这种行动敏捷、聪明机灵的生物将带给我们怎样的惊喜呢。

被毛

狗狗的被毛来自皮肤的生发层，是一种坚韧并且具有角质的线状物。被毛具有保护犬体免遭外界刺激和有助于维持正常体温的作用。狗狗的被毛的长短、质地软硬均不尽相同，按生长部位和形态可以细分为饰毛、顶毛、荷叶毛、旗状毛、鬃状毛、垂毛、触毛、裤裙状毛、梳毛等。

前肢

狗狗的前肢借肩胛和臂部与躯干的胸背相连，但与胸背部不形成关节，而是依靠强大的肌肉群附着。每一前肢可分为肩部、臂部、前臂部和前脚部。狗狗的前肢在运动时起支撑和支持犬体的作用。

脚趾

狗狗的前肢五趾，后肢四趾，每趾都有爪子。一般根据狗狗脚趾的形状、大小和松散程度的不同大致分为猫形趾、兔形趾、伸张形趾和平足趾四类。

后肢

后肢有臀部与荐部相连，运动时后肢起到提供动力的作用。每一后肢可以分为大腿部、小腿部、膝部和后脚部。当狗狗站立时，从后面看其后肢应为垂直且彼此间平行状；而跗关节向内侧成X形弯曲的牛状姿势、刀形姿势等均为缺陷。

身体构造局部

眼睛

与人类一样，狗狗的眼球也类似球体，位于眼眶内，由视神经连接到大脑。眼球是由外围的球壁与里面的眼球内容物所组成，具体包括角膜、巩膜、虹膜、睫状体、脉络膜、视网膜、视神经、晶状体和玻璃体。狗狗无法像人一样分辨各种色彩，用人类的表述，狗狗就是患有色盲，它的世界更多的是黑白和亮度的区别。狗狗的眼睛对动态物体的反应比静态物体要敏感。狗狗的瞳孔缩小放大都很快，夜视能力大概是人的5倍，因此，在晚上也能活动自如。

舌头

狗狗的舌头正常的舌色一般为淡红色，并有微薄舌苔，舌苔均匀，舌质干湿适中。若舌色偏赤红色，则表示为热血症，多见于热性感染性疾病；偏白色表示气血不足，多见与营养不良或寄生虫病等；偏黄色多表示湿热症。狗狗舌头的味觉神经并不发达，它们的舌头主要起到的是汗腺的作用，用于调节自身的体温，特别是炎热的夏天或做完剧烈运动后，你都能看到它们伸出长长的舌头。还有狗狗用舌头舔人一般是表达喜欢的情感。

牙齿

狗狗的乳牙大约在20周龄时便会脱落，并重新长出恒齿。狗狗的牙齿坚固锋利，有利于将食物撕裂。其中门齿用于切断食物，臼齿用于磨碎食物。

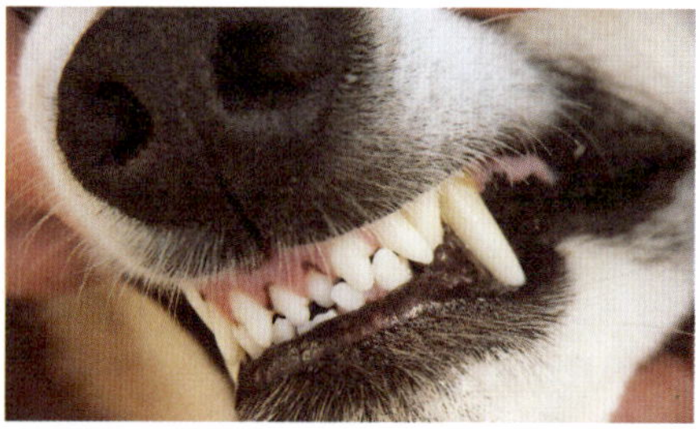

鼻子

狗狗的嗅觉惊人，即使是相当细微的差别，它们也能靠鼻子闻出来。因此，在搜救、缉毒工作上，狗狗是人类的好帮手。狗狗的鼻子有很多种颜色，黑色、粉色、肝色或者和自身毛发同一颜色。狗狗的味觉不灵光，因此很多时候会借用鼻子来判断食物的味道。此外鼻子还能帮它们完成很多事情，认路、辨人等。狗狗的鼻子里有大量的皱褶，这使得鼻子里的表皮面积增加了许多倍，可以容纳更多的嗅觉细胞，狗狗出色的嗅觉就源于其大量的嗅觉细胞。人的嗅觉细胞大概有500万个，而狗的嗅觉细胞大约为12500～20000万个。狗狗舔湿鼻头可以滋润着嗅觉细胞，让其嗅觉保持高度的灵敏度。

耳朵

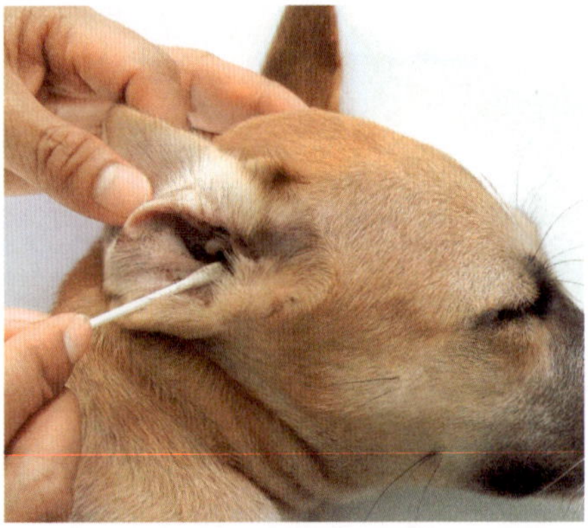

狗狗的耳朵是其听觉器官，由内耳、中耳、外耳三部分组成。狗狗的耳郭形状会因狗狗的品种、类型以及个体的不同而存在差异。通常根据耳郭的大小、形态、竖立状态将耳朵划分为直立耳、纽扣耳、半直立耳、垂耳、玫瑰耳和蝙蝠耳等。狗狗的听觉十分敏锐，听觉感应能力可达12万赫兹，是人类的6倍，它能听到的最远距离大约是人的400倍！狗对于声音方向的辨别能力也是人类的2倍，能分辨32个方向。

尾巴

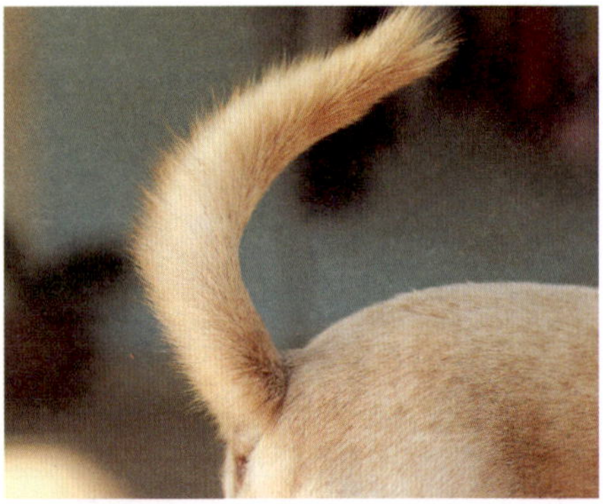

狗狗的尾巴不仅可以辅助身体在高速运动时保持平衡、保护生殖器和肛门，还会“说话”，传达情感。狗狗高兴时会摇头摆尾，尾巴不仅左右摇摆，而且不断旋动，很多时候还会翘起来；尾巴下垂时意味着它感觉到身处危险；尾巴不动时表示它处于不安状态；尾巴夹起，说明害怕；尾巴迅速水平地摇动，象征友好。

狗狗的消化系统

狗狗的消化系统由消化道和消化腺两大部分组成。

消化道是食物通过的管道，包括口腔、咽、食管、胃、小肠、大肠和肛门。狗狗的消化道短，食物通过消化道的时间比其他动物的快（一般为 16~20 小时）。

消化腺包括唾液腺、肝脏、胰脏、胃腺和肠腺，它们分泌的消化液中含有多种消化酶，对食物起消化作用。狗狗的消化道短，但消化腺发达，这样能帮助它们很好地适应食肉生活。

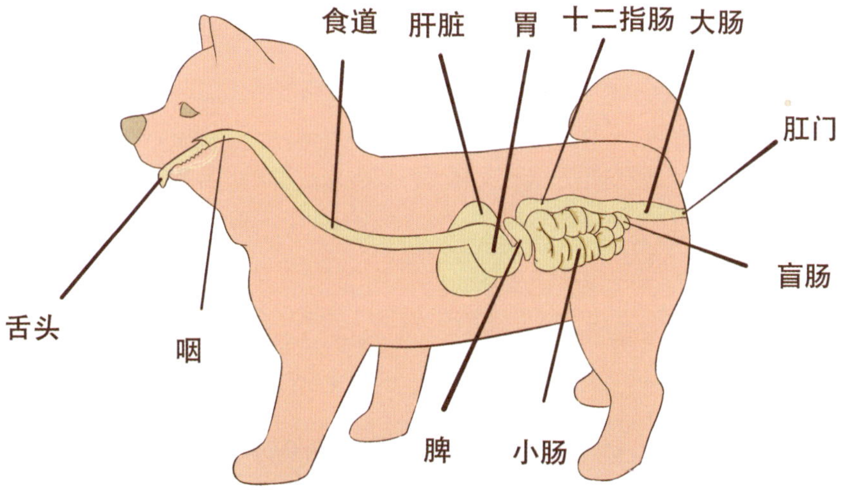

口腔

口腔是消化道的起始部，具有摄食、吮吸、咀嚼、分泌唾液和吞咽等功能。口腔由唇、颊、舌、齿、硬腭和软腭等组成。

咽

位于头颈交界处，为消化道和呼吸道所共有。咽壁黏膜有淋巴组织和扁桃体。

肛门

肛门为消化管的末端，具有强而有力的环形肌肉，即肛门括约肌。肛门括约肌在脊髓荐部中枢的控制下收缩或舒张。

Contents 目录

Part 01

受欢迎的家养狗狗

Part

02

养狗狗必知

Part

03

狗狗日常清洁要知道

Part

04

狗狗喂养经

Part

05

狗狗特训开始喽

Part

06

狗狗生病怎么办

FLOWERS
—&—
PLANTS

Part

01

受欢迎的 家养狗狗

饲养一只宠物狗狗与我们做伴是一件非常幸福的事情。狗是人类最早驯养的动物之一，对于狗狗的日常照料已有不少爱狗人士总结出饲养的心得。在漫长的岁月里，人们根据自己的需要、喜好和狗狗的特点，在狗狗的繁殖选育上花费了大量的心思，以便培育出优良的犬种。

北京犬

北京犬又称北京狮子犬、宫廷狮子犬，是中国古老的犬种，已有四千年的历史。在过去只在宫廷内饲养、繁殖，目前在欧、美拥有广大的饲养者。北京犬被毛柔软顺直，需要经常护理梳刷，腿部、尾部、足部均有长毛，颈毛丰富，其形象酷似狮子。北京犬头部宽大，两耳呈心形，下垂，并被长毛遮盖。四肢短小粗壮，饰以长毛。尾巴卷于背上，尾端被毛较多，并向四周散落，俗称“菊花尾”。北京犬表情略显严肃，其实性格乖巧安静，感情细腻，娇小的身材，水汪汪的大眼睛，很容易得到人们的喜爱。北京犬易生眼疾及呼吸系统疾病，因此，主人平时要多加注意，防止温差变化过大引发疾病。

[原产地] 中国

[体高] 15~23 厘米

[体重] 4.5~5.0 千克

[毛色] 奶油色、白色、红色、黑色、黑褐色、红褐色、银灰色和花色等

[性格特征] 温顺忠实、热情机警

[易养指数] ★★★★

[价格] 1000~8000 元

哈巴狗

[原产地] 中国

[体高] 25.5~28 厘米

[体重] 6~8 千克

[毛色] 银褐、黑褐、黄褐色等

[性格特征] 富有魅力、聪明温顺

[易养指数] ★★★

[价格] 1000~3000 元

哈巴狗又称巴哥犬、斧头犬等。18世纪末正式命名为“巴哥”，其得名源于头部酷似斧头（拉丁语巴哥“pug”即为“斧头”）。17世纪末引入荷兰，而后引入欧洲，备受英国贵妇人的喜爱，后来在英国培育改良而成为目前的品种。哈巴狗被毛短而光滑，茂密生长且长短较为均匀。其头大而圆，耳小而薄，呈玫瑰耳或纽扣耳。嘴阔，唇厚，额上、嘴上、脖子上的皱纹比较多。一般认为，面部皮皱愈多，该哈巴狗的品质愈好。其鼻梁甚短，鼻头呈黑色。眼睛又大又圆又黑，稍向外突，炯炯有神。体型粗壮、矮胖，四肢强壮。哈巴狗因毛短而怕冷，主人应稍加注意。哈巴狗贪食，日常喂食要适量，防止过胖。它是以咕噜的呼吸声及像马一样抽鼻子的声音作为沟通的方式，具备聪明和善、爱干净的个性。

沙皮犬

沙皮犬又称大沥狗、打斗狗，是世界名种斗狗之一。因其毛短而硬，手感粗糙，似打磨用的砂纸，故此得名沙皮犬。该品种的来源，有人认为是北方哈巴犬至广东南海后，经当地居民长期选种培育的结果，大约已有200多年的历史。1978年沙皮犬被介绍到海外，并因其独特的“皱貌”受到爱犬人士的喜爱。沙皮犬头、颈、肩部的皮肤厚韧而松弛，多皱褶，像披了一件宽松肥大的绒衣。沙皮犬体形独特，头似河马，嘴似瓦筒，三角眼，黑鼻，耳小而下垂，尾巴浑圆，呈辣椒状。其外形笨拙，神情忧郁，却聪明警惕、顽皮好玩。因其全身皱纹多，易患皮肤病，日常要注意卫生。

[原产地] 中国广东省佛山市南海区大沥（原南海区大沥乡）

[体高] 46~56 厘米

[体重] 22~27 千克

[毛色] 主要为黄色或黄褐色

[性格特征] 勇猛善斗、聪明活泼

[易养指数] ★★★

[价格] 1000 元左右

柯基犬

威尔士柯基犬的名字来自威尔士语“corrci”，是娇小之犬的意思。从12世纪的查理一世到现在的女王伊丽莎白二世，威尔士柯基犬一直是英国王室的宠物。威尔士柯基犬性格稳健，非常适合做小孩的守护犬。被毛长度适中，绒毛层短而厚，外层被毛较长而粗糙。柯基犬的耳朵大小中等，直立，耳尖呈圆形。棕褐色眼睛中等大小，呈卵圆形，不突出，眼圈为暗黑色，眼角清晰。嘴鼻部优美且紧凑。胸部宽度适中，向下逐渐变细。后肢的肌肉发达且结实，但宽度略小于肩部。它们本性友好，胆子很大，也相当机警，能很好地守护家园，是最受欢迎小型护卫犬之一。柯基犬易患进行性视网膜脱落、血液失调、臀部发育不良和脊椎疾病。在得到良好照顾的情况下，柯基犬的寿命约为12~15年。

[原产地] 英国
[体高] 25~30 厘米
[体重] 10~12 千克
[毛色] 淡黄色短毛、金色短毛、红色短毛、黄褐色和白色短毛
[性格特征] 勇敢大胆、精力旺盛
[易养指数] ★★★
[价格] 根据品相与血统而定，会在 3000~8000 元

[原产地] 英国

[体高] 公犬为 58~61 厘米，母犬为 53~56 厘米

[体重] 公犬为 26~31.5 千克，母犬为 25~27 千克

[毛色] 金黄色

[性格特征] 善良忠诚、动作敏捷

[易养指数] ★★★★★

[价格] 1000~4800 元

金毛狩猎犬

金毛狩猎犬又称金毛寻回犬或金毛猎犬，是最常见的家犬之一。金毛狩猎犬的祖先是俄罗斯追踪犬，1858年随杂技表演而输入英国，并与英国当地纯种猎犬杂交而成。因其具有对小孩有耐心以及聪明活泼的优良特点，颇受大众的喜爱。金毛狩猎犬全身有金黄色细长的被毛，胸前、腋下及尾根部的毛发尤为丰厚，头部的毛较短。被毛容易整理，不容易打结，性格活泼开朗，喜欢亲近人，擅长游泳。它们天生温驯的个性令人对它爱不释手。体格强壮不怕冷，天性喜欢拾回物品，不会乱叫。金毛狩猎犬具有高度的机动性，可被训练来作为导盲犬，同时也是与盲人相处愉快的好伙伴。金毛狩猎犬需要大量的运动以防体重过重。

贵宾犬

贵宾犬又名贵妇犬或蒲尔狗，是法国妇女最喜爱的宠物。贵宾犬被毛较硬，密生卷毛、短毛、绢状毛，并常常被剪短成球状。经过修剪和仔细的梳理后，配以丝绸带和蝴蝶结装饰，会显示出与生俱来的高贵气质，深受世界上众多爱狗人士的青睐。贵宾犬头较小，呈三角形，头颅顶部稍圆，面颊平坦。眼睛颜色很深呈卵圆形，两眼间距宽，眼神机警。鼻梁直，与额部有明显的分界。鼻头视毛色可分为肝色和黑色。耳根低，耳郭长大，垂于两颊。贵宾犬无体臭，少掉毛，体态优雅，步伐轻松，它智商很高、善解人意、温驯机警，是动物特技表演的重要明星。

[原产地] 德国

[体高] 37~39 厘米

[体重] 20~32 千克

[毛色] 黑色、蓝灰色、奶油色、茶褐色和白色等

[性格特征] 气质高贵、善解人意

[易养指数] ★★★★★

[价格] 1000~4500 元

萨摩耶犬

萨摩耶犬别称萨摩耶，起源于17世纪，是西伯利亚的原住民萨摩耶族培育出的犬种。到了20世纪，它常被人们用于极地探险，并受到世界各地爱狗人士的喜欢。全身长有浓密的被毛，毛长适中且直。萨摩耶犬头呈楔形。眼睛颜色深为佳，两眼凹陷，间距大，为杏仁形。鼻梁较长，鼻端、口周多呈黑色，嘴角上翘。直立的耳朵很厚，呈三角形，尖端略圆。脚大而长，比较平，似野兔的足，趾稍分开；趾尖呈拱形肉垫厚而硬，趾之间有保护的毛，脚圆形或似猫足。萨摩耶犬体态优美，活泼乖巧，抗寒耐冷，有着非常引人注目的外表，有“微笑天使”的称号。在寒冷地区多用作雪橇犬，在气候温和的地区则常用作护卫犬和陪伴犬。在得到良好照顾的情况下，一般寿命为12~14年。

[原产地] 俄罗斯北极地区

[体高] 公犬 53~59 厘米，母犬 48~53 厘米

[体重] 公犬 21~25 千克，母犬 16~21 千克

[毛色] 纯白或淡褐色

[性格特征] 忠诚友善、调皮灵动

[易养指数] ★★★★★

[价格] 1000~2000 元

马尔济斯犬

马尔济斯犬又名马耳他犬，马尔济斯犬迄今已有近三千年的历史，是最古老的玩赏犬之一。马尔济斯犬被毛长，平而呈丝状，向体侧下垂及地。头部中等大小，头顶至头盖略圆。耳根低而且下垂，有大量长毛形成耳缘饰毛。眼睛大，呈椭圆形，古铜色，眼眶为黑色，鼻端成黑色。马尔济斯犬的长毛是照顾的重点，否则纯白发亮的毛就会变脏、变黑，特别是眼部与嘴部的毛更要细心照顾。时常修剪梳洗，细而柔的长毛才不容易纠缠成毛球，避免引发皮肤病。其性格温驯乖巧、黏人贴心、敏感顾家、活泼好客。马尔济斯犬是温和的小犬，聪明优雅，会是全家都喜爱的宠物。

[原产地] 马耳他岛

[体高] 20~22 厘米

[体重] 2~3 千克

[毛色] 纯白色，仅在耳部有淡黄色或柠檬色斑

[性格特征] 聪明优雅、敏感顾家

[易养指数] ★★★★

[价格] 4000~6000 元

我是 baby

[原产地] 加拿大拉布拉多半岛
[体高] 公犬 56~62 厘米，母犬 54~59 厘米
[体重] 20~52 千克
[毛色] 黑色、黄色、巧克力、米白色，其中黑色、黄色较为常见
[性格特征] 警觉活泼，忠于主人
[易养指数] ★★★★
[价格] 1500~5000 元

拉布拉多猎犬

拉布拉多猎犬又称拉布拉多寻回犬。据说是16世纪，搭乘到北美大陆沿岸捕鱼的英国籍北欧渔船，远渡到加拿大拉不拉多半岛上的狗的后代。由于脾气随和，不畏恶劣的自然环境，具有易饲养、勤劳肯干的特点，在世界各地均有较多的爱好者。跟西伯利亚雪橇犬和金毛寻回犬并列三大无攻击性犬类。拉布拉多的智商位列世界犬类第六位。拉布拉多猎犬被毛柔软，短而密生，光滑且富有光泽，皮毛是双层的，有良好的防雨御寒性能。头部清爽，而且头部线条分明，宽阔的头顶使脑袋看起来颇大。因智商高且易解言语，又反应敏捷，是适合家庭饲养的犬种。此外，拉布拉多具有较顽皮的个性，需好好教养。在饮食方面，食量较大，要避免过胖，注意成长期的体重管理。

博美犬

[原产地] 德国波米兰尼亚洲

[体高] 22~28 厘米

[体重] 3.5 千克以下

[毛色] 黑色、巧克力色、奶油色、橘色、赤色、茶褐色、白色与茶色斑等

[性格特征] 活泼调皮、聪明机警

[易养指数] ★★★★

[价格] 2000 元左右

博美犬别名松鼠犬、波米兰尼亚犬等，是德国狐狸犬的一种，是从冰岛的雪橇犬配殖出来的。博美犬被毛蓬松，上毛直粗，下毛柔软。颈部周围、前肩部和胸部长满饰毛。博美犬头圆，前额略微凸出，嘴小而尖，小耳，杏眼，体形均匀，尾小，因与松鼠极其相似而被命名为松鼠犬。鼻端部较细，呈楔形，鼻子和被毛同色。胸部厚实，身躯紧凑。前腿笔直而且相互平行。大腿肌肉适度发达。羽毛状尾巴是博美犬的独特之处，尾巴又粗又长，向上翘起到背上。博美犬活泼调皮，聪明敏捷，非常容易融入家庭内，早期曾作为护卫犬和牧羊犬，到了文艺复兴时期成了标准的伴侣犬，现已成为世界名贵的玩赏犬。经过训练后，博美犬可作助听犬，亦可被训练为搜寻犬、拯救犬和治疗犬。

约克夏犬

约克夏犬于1886年被英国凯尼尔爱犬俱乐部登记承认，成为当时具有国际水平的犬种，到20世纪即进入全球受宠犬的行列，人们给予它“洋姬”的美称。约克夏犬被毛丰厚，长而直，呈绸缎状，柔滑如丝。身材娇小，体形仅次于吉娃娃，属小型犬。头大小适中。眼睛中等大小，稍向突出，呈黑色，目光有神，显得锐利而聪慧。V字形的小耳朵，直立耳。前腿笔直，肘部不向内或向外翻。约克夏犬性格温驯、机灵、忠心、热情、活泼，感觉敏锐，具有小猎犬的性格。有喜欢撒娇的特点和贵族犬的派头。日常要注意被毛的梳理。

[原产地] 英国约克夏郡

[体高] 20.3~22.9 厘米

[体重] 1.8~2.3 千克

[毛色] 随年龄变化，初生仔犬为黑色；3~5 个月龄毛根呈蓝色；18 个月龄后被毛颜色较固定，头部呈棕黄色且带有金光，从头后至尾部呈铁青色，四肢呈深褐色

[性格特征] 热情活泼、机灵忠心

[易养指数] ★★★★

[价格] 1000~2000 元

我是 baby

[原产地] 墨西哥

[体高] 15~23 厘米

[体重] 1~3 千克

[毛色] 黑色、蓝色、巧克力色、淡金色、深红色和黄褐色，墨西哥人特别喜欢白底黑斑和白底茶色斑的

[性格特征] 生性勇敢、机敏伶俐

[易养指数] ★★★★

[价格] 1000~3500 元

吉娃娃犬

吉娃娃犬别称茶杯犬、芝娃娃犬等，是著名的玩赏犬之一。目前是微型玩赏犬中最小的品种，受到世界各地贵妇人的青睐。吉娃娃体型娇小，犬头部呈苹果形，耳大且较薄，耳根高，两耳直立，耳间距较宽，因其身躯瘦小，两耳就显得格外突出。口鼻部小，突出，鼻端多呈黑色。眼大而圆，呈黑色，稍向外突出。吉娃娃喜热，爱晒太阳；对冷很敏感，颇畏寒，不宜养于室外犬舍，冬天外出需加外衣御寒。对生活空间的要求不高，基本上像一般住所的空间就够它们玩耍了。运动量也不多，能够每天待在家里，不用经常花费时间带它出去玩。

[原产地] 中国

[体高] 20~28 厘米

[体重] 4~8 千克

[毛色] 颜色多样，其中以金色、黑、白毛色为好；一般没有纯一色的西施犬，其中以前额有像火焰状的白斑及尾端有白毛者为佳

[性格特征] 聪明活泼、高傲机灵

[易养指数] ★★★★

[价格] 3000~8000 元

西施犬

西施犬又称中国狮子狗或狮子狗。西施犬的祖先生活在中国西藏，公元6世纪的绘画中已有类似西施犬的一种西藏小狗。到公元 1930 年，英国旅行者将其带到欧洲，外国人称之为“西施犬”，以示它像中国美人西施那样国色天香。从外形看，西施犬有北京犬的血统，被毛长密，但不卷曲。头毛下垂至两眼前下方及颜面部，与鼻梁上长出的自然下垂的长毛和两嘴角一同构成盛开的菊花状，漂亮可爱。西施犬脸部短而饱满，眼睛有神，两眼间距大；鼻梁短，鼻头呈黑色；体小灵活，四肢短，尾巴上翘。西施犬明快敏捷、活泼好动。照料时应注意每天要花费时间打理被毛，以防缠结。头上的毛最好绑起来，以免引起眼疾。

苏格兰牧羊犬

苏格兰牧羊犬又名柯利牧羊犬，最早生活在寒冷的苏格兰北部，主要担任牛羊群的驱赶工作。后来逐渐成为伴侣犬，曾受到伊丽莎白女王的宠爱。性格温顺，容易驯服，忠实可靠，尤其是其优雅华丽的外表，更是让很多人为之倾倒。被毛长而富有光泽，除了头和四肢，全身有相当多的被毛。上毛为粗硬而密集的刚毛，下毛柔软密生，有特征性的长胡须。眼呈杏仁形，大小适中。耳朵与头的大小相称，自然向前折垂。颈颇长。腰强而有力，稍拱起。尾长适度，安静时尾下垂，尾尖向上扭曲，行动时或兴奋时尾举起但不举至背上。苏格兰牧羊犬活泼好动，是非常优秀的牧羊犬、宠物犬。在室外活力充沛，对主人忠诚，对陌生人警戒心强，此犬擅长社交，平常完全不显露软弱或攻击性的一面。

[原产地] 苏格兰
[体高] 56~66 厘米
[体重] 22.7~34 千克
[毛色] 黑色、灰色、小麦色、朱砂色和红色等
[性格特征] 忠诚可靠、活泼温顺
[易养指数] ★★★★
[价格] 1000~2000 元

雪纳瑞犬

雪纳瑞犬属于梗犬类，其祖先有贵宾犬和德国刚毛杜宾犬的血统，主要特征是长有老头一般的眉毛和胡须。一般可分成三种类型：迷你型、标准型及巨型。眼睛及眼眶呈黑色或深褐色；耳朵较小呈三角形；颊毛密而长；背部平直，背毛硬而卷曲。雪纳瑞犬结实健壮、活泼调皮，因其忠心温顺，适合有孩童的家庭豢养。标准型雪纳瑞犬常用于守卫和做伴，又用作红十字会狗和警犬。幼犬需特别照顾，一般每周洗澡一次，洗后需将其毛发完全吹干，否则极易罹患感冒、皮肤疾病。除此之外，耳朵也需清洁，可使用耳朵清洁液帮它清洁，以免引发耳疥虫寄生及罹患耳炎。

[原产地] 德国

[体高] 标准型 43~51 厘米

[体重] 标准型 12~17 千克

[毛色] 纯黑色、黑银色、椒盐色

[性格特征] 机灵调皮、忠心温顺

[易养指数] ★★★★

[价格] 2000~4000 元

我是 baby

腊肠犬

[原产地] 德国

[体高] 18~23 厘米

[体重] 标准型公犬不低于 7 千克，母犬不低于 6.5 千克；小型公犬不超过 4 千克，母犬不超过 3.5 千克

[毛色] 短毛型有黑色、赤色和巧克力色等；长毛型和刚毛型的毛色不定

[性格特征] 独立自主、忠诚顽皮

[易养指数] ★★★★

[价格] 1000 元左右

腊肠犬过去用于猎獾，所以被称为猎獾犬；又由于该品种体长、腿短，犹如板凳，所以也称为板凳犬。现在的腊肠犬根据皮毛可以分为短毛型、长毛型和刚毛型三种。又根据体型的大小分为标准型和小型两种。腊肠犬有漂亮的被毛，短毛型的被毛短而光滑，并有光泽。腊肠犬身体结实，腿短，身体呈长方形，体长为身高的2倍，走路似爬行。腊肠犬其貌不扬，但身手敏捷，喜爱追逐小动物和小鸟。有着弯曲的双腿、松软的皮肤和突出的胸部，许多特性被人为培养出来，以此增强它在狭小空间的活动能力。开朗勇敢，易于训练，忠于主人但对陌生人会有轻微的攻击性。腊肠犬脊椎骨很长，不宜训练跳跃，更不要只握前肢拉起它或让它上下高层楼梯，以免脊椎骨移位或发生其他疾病。

[原产地] 德国

[体高] 公犬 60~65 厘米，母犬 55~60 厘米

[体重] 公犬 33~38 千克，母犬 26~31 千克

[毛色] 黑褐色、红褐色、黄褐色、白色、黑色、红色或杂斑色等，最常见的是“黑背黄腹”

[性格特征] 忠诚勇敢、聪明敏捷

[易养指数] ★★★★

[价格] 1000~4000 元

德国牧羊犬

德国牧羊犬又称狼犬、德国狼狗，它们敏捷且适合动作式的工作环境，在犬类智商排名中位居第三，多用作军犬和警犬。它们的工作任务有追踪、护卫、搜索及拯援和军事任务，它们也为盲者做导盲犬的工作，看家、守卫、牧羊同样适合，被称为“万能工作犬”。德国牧羊犬体形大小适中，肌肉发达，雄健有利，身体各部位匀称和谐，姿态端庄美观。被毛长度中等，直密且顺贴。头瘦而轮廓清楚，嘴长呈斧形，耳根高，耳尖，直立挺拔。眼睛呈椭圆形，炯炯有神。德国牧羊犬感觉敏锐，大胆勇敢，聪明忠诚。

西伯利亚雪橇犬

西伯利亚雪橇犬又名西伯利亚爱斯基摩犬、哈士奇，俗名为二哈。它们最早是由西伯利亚东部的楚科奇族部落居民饲养，用于狩猎驯鹿、拖曳雪橇或者照顾幼儿使孩子们远离寒冷。西伯利亚雪橇犬是和狼的血统非常接近的犬种，所以外形非常像狼，有着比大多数犬种都要厚的毛发。被毛呈双层，长度适中，柔软而稠密。眼睛有纯棕色和纯蓝色，也有出现杂色的情况，可以一只眼睛棕色一只眼睛蓝色。两耳呈三角形，直立。尽管有着狼一般令人害怕的外观，但西伯利亚雪橇犬性情温顺。由于是一种工作犬，它们精力充沛，反应敏捷，喜欢探索，每天需要较大的运动量。

[原产地] 俄罗斯西伯利亚

[体高] 公犬 53~58 厘米，母犬 51~56 厘米

[体重] 公犬 20~27 千克，母犬 16~23 千克

[毛色] 全身以白色为主，常常夹杂着黑色、灰色、棕色等斑纹

[性格特征] 聪明温顺，喜欢探索

[易养指数] ★★★★

[价格] 1000~3000 元

我是 baby

卷毛比雄犬

[原产地] 法国
[体高] 23~31 厘米
[体重] 3~6 千克
[毛色] 除了白色之外，还有乳黄色与杏仁色
[性格特征] 高傲机灵、敏感顽皮
[易养指数] ★★★★
[价格] 1000~2200 元

卷毛比雄犬又称法皇拜康犬、小白卷毛狗，被毛漂亮、柔软，呈螺旋状卷毛。被毛需要修剪，以显示出身躯的自然曲线。头部长长的毛发常被修剪成圆圆的外观，背线修剪成水平状。被毛必须保留足够的长度，以维持该品种的粉扑形外貌。卷毛比熊犬的头稍大，头骨实平，因长毛而外似拱状。鼻梁甚短，鼻头较大，钝圆，呈黑色。耳窄，细长，自然下垂，常被耳部的长饰毛遮盖。眼圆色深，眼眶下有一道剪过毛似的弧。躯体肌肉发达，前肢挺直强壮，脚圆而紧密。尾部有长毛覆盖，并向背部蜷曲。卷毛比雄犬性格友善、活泼，聪明伶俐，记忆力好，会做各种各样的动作引人发笑，一般作为玩赏犬，也有作为马戏团的表演犬，但对生人较为凶猛。日常要经常梳洗打扮，养护所需时间较长。

斗牛犬

斗牛犬诞生于19世纪初，那时斗牛风盛行，直到1835年英格兰禁止以狗斗牛后改良成为赏玩犬。斗牛犬被毛短而稠密，坚硬，平滑有光泽。身体结实健壮，头部由前方看呈卵圆形，微呈椭圆形，略似牛头。额段不明显，头顶至鼻头呈直线，鼻梁直，鼻头为黑色。耳朵稍小且较薄，向上方直竖。眼睛成小三角形，黑色，眼周多呈粉红色。躯干圆，肋骨显著扩张。背短而粗壮。前肢垂直，后肢结实，外形与牛有几分相似。斗牛犬面恶心善，本性温和爱撒娇，胆大机敏，富有斗牛士精神。该犬精力充沛，不适于公寓内饲养，乡村的广阔天地更适合它们。

[原产地] 英国

[体高] 35~50 厘米

[体重] 30~45 千克

[毛色] 全白或白色中带有黑色斑纹或头部带有斑纹，或黄褐色带有白色斑纹

[性格特征] 胆大坚强、忠于主人

[易养指数] ★★★

[价格] 1500~3000 元

Part

02

养狗狗 **必知**

狗是人类的好朋友，勇敢忠诚、善良贴心、聪明活泼等所有这些用来描述它们的词语都包含着人类对它们的宠爱以及赞美。如果你也喜欢狗狗，想养狗狗，想让它陪伴自己度过生命中的每个重要时刻，那么就从现在开始认真学习，深入了解它们，做个称职的主人，与狗狗一起过上幸福的生活。

你适合养狗吗

狗狗并不是一件摆设，它有生命、有感情，它会呼吸、会吃、会喝、会撒娇、会淘气。作为一名有责任心的主人，在将狗狗领回家之前，请全面考察自己的实际情况，否则将来要把它们转送或遗弃，就会对它们造成极大的伤害，这是十分残忍的事情。

请用心考虑以下问题：

1 你是否真的很喜欢狗狗？

2 每天都能抽出一定的时间来陪伴狗狗吗？

3 是否有耐心每天喂狗狗并清理它的排泄物？

4 家里是否有足够的空间让狗狗活动活动？

5 家人是否同样喜爱狗狗，并愿意分担照顾狗狗的工作？

6 狗狗也会长大、变老，你能够接受它变得不那么可爱、灵动的样子吗？

7 狗狗生病时，你是否愿意花钱及花时间带它去就医？

8 你能否坚持不放弃，一直陪伴它到老呢？

9 当它调皮不听话的时候你能够原谅它吗？你能保证不会让它给周围的人带来麻烦吗？

请结合以上问题，认真分析你的经济情况、你的照看能力、你的居住空间等是否允许你做出养狗的决定。你有充足的精力吗？在与狗狗生活的过程中会发生很多的琐事，你觉得自己都能应付过来吗？

如果答案是肯定的，那么恭喜你，你将会是一位合格的主人，你可以着手挑选一只狗狗与自己一同成长，展开幸福的养狗旅程。

要如何选购合适的狗狗呢

狗是生活中最为常见的宠物朋友，但我们也会发现，身边的人所养的狗狗在品种上、个性上存在着很大的差别，究竟怎样一只狗狗才适合与自己相伴呢?

先说说小狗吧。小狗是非常有趣的，十分招人喜欢，但由于年龄太小，接触的事物不多，主人需要付出很多心思和力气，要细心呵护，让狗狗在成长的过程中健康快乐。尤其是在最初的几个月，它需要时时有人陪伴，让它熟悉新家，并指导和鼓励它养成良好的行为习惯。

接着说说成年的狗吧。成年的狗可能已经养成了良好的卫生习惯，不需要你时时照顾，这样确实能让你省心不少。但是如果它已经养成了不好的行为习惯，那些坏毛病将很难纠正。若那些坏毛病是来自昔日的精神创伤，会使它很难与人亲近。

此外，除了年龄，狗狗在种类上、外形上、性别上都存在差别，而且不同个性的狗狗适合不同的主人，这就意味着你不能随意买一只狗狗来喂养，要考虑自身的综合情况，权衡利弊。

狗狗的个性大不同喔

下面将一些常见的犬种按个性特质大概分成五种类别，希望能够帮助你了解狗狗的个性特点，并从中挑选出自己喜欢的，也适合自己饲养的狗狗。

对人友善的狗狗

对人友善的狗狗有拉布拉多犬、黄金猎犬、柯利犬、拳师犬、伯恩山犬、纽芬兰犬、寻血猎犬、大丹犬、英国牧羊犬、圣伯纳犬等。

POINT ① 优点

喜欢与人接近，在家不会乱吠，成熟稳重。

POINT ② 缺点

虽然体型够大，却不适合看护家园。

居家可靠的狗狗

居家可靠的狗狗有博美犬、吉娃娃、北京犬、马尔济斯犬、哈巴狗、拉萨犬。

POINT ①
优点

体型娇小，外观漂亮，容易与人亲近，乖巧听话，适合养在室内。

POINT ②
缺点

大多数为长毛狗，照顾上较为麻烦，依赖性强，生命力较弱。

防卫力强的狗狗

防卫力强的狗狗有罗德西亚犬、松狮犬、牛头犬、獒犬、罗威纳犬、高加索山脉犬、秋田犬。

POINT ① 优点

体格健壮，防守能力很强，陌生人很难接近。

POINT ② 缺点

与家人亲近程度平淡，须严加管教或训练，否则很难控制。

独立自信的狗狗

独立自信的狗狗有哈士奇、阿拉斯加犬、萨摩耶犬、柴犬、阿富汗犬、约克夏、雪纳瑞犬、米格鲁猎犬、波音达猎犬。

POINT ① 优点

独立，自主性强，无须特别照料。

POINT ② 缺点

生性顽劣，必须先了解其特质，才能对其进行有效的控制。

容易训练的狗狗

容易训练的狗狗有狼犬、澳洲牧羊犬、比利时牧羊犬、杜宾犬、贵宾犬。

POINT ① 优点

聪明善学，身手敏捷，适应环境能力强，有些可以看家。它们是许多第一次养狗狗的人的最佳选择，好训练，听话且聪明，是主人的好帮手。

POINT ② 缺点

活动力强，喜欢室外活动，部分狗狗如果运动量不够，会出现神经质的现象，比如乱跑乱吠。

观察与选择

在选购狗狗的时候不可随便选择，要细致考虑自己的真实需求，并充分了解各种狗狗的特性，以便做出合适的选择。若能挑选到一只身体健康、灵活聪明、忠诚贴心的狗狗，会给接下来的养狗之旅减少很多的工作量。

选购时具体要考虑的因素有年龄、血统、性别、体型、毛发等，同时细致观察狗狗的眼睛、耳鼻、牙齿、肛门和骨骼等身体部位也能帮助你选择出健康可爱的狗狗。请准主人认真做好功课吧，这将对你愉快的养狗生活打下坚实的基础。

在血统方面，其实每一个犬种被繁育者辛苦的繁育出来，都是有其用途的，有些适合做家庭伴侣，有些适合工作训练，有些用来辅助人类灭害等。如果经济条件允许，以繁殖或参加犬展为饲养目的的话，应选择纯种犬。养纯种狗的好处是基因稳定、优良特性容易被保留下来，由此可以预知日后的品性和特征。如果只是为了看家或者作为陪伴，可以选择杂种犬，它们同样具有良好的工作能力。需要提醒一下各位准主人，不能用金钱来衡量狗狗的价值，只要能满足你的养犬目的，每一只狗狗都是独一无二的。

在年龄方面，建议选择两三个月的幼犬。如果狗狗太小，会因为发育未完全而需要特别的照顾，这对主人的照看能力要求较高；如果狗狗的年龄过大，日常行为习惯已基本形成，对新环境的适应能力会较差。

在体型方面，要结合家里的饲养空间和饲养目的认真考量，并参考当地政府部门的相关规定，再确定饲养狗狗的体型。狗狗的体型大小不同，一般细分为五种类型，分别是超小型犬、小型犬、中型犬、大型犬和超大型犬。若是条件允许，饲养大中型的狗狗也是不错的选择，因为它们总是表现出精力充沛、强壮敏捷的模样，是极具魅力又可靠的狗狗。

在性别方面，公犬和母犬对人的感情是相同的。但从性格上来讲，公犬刚毅好斗，较为活泼，在调教训练上要比母犬多花费时间。而母犬温顺、易调教，但每年有两次发情期，并且也会因为配种和产子等事情增加许多麻烦。如果不想让母犬生育，应该做结扎手术。

在毛发方面，购买狗狗时要注意毛发以柔顺为首选，不能太油腻、太干燥或呈硬块状，毛皮里也不可有虱子或跳蚤，尤其是家中有小宝宝的家庭，更要特别注意这一点。如果饲养者没有足够的空闲时间，最好不要养长毛犬。因为优雅漂亮的长毛犬，需要花很多时间为它打理被毛，否则被毛会纠缠在一起，损害其形象，甚至影响其健康状况。

购买一只健康的狗狗，让你更省心。购买狗狗之前，一定要仔细地观察狗狗身体的每一个部位，包括狗狗的眼睛、耳鼻、牙齿、肛门和骨骼等，这样能基本判断狗狗的健康状况。在选择小狗时，尽可能在同一窝小狗中挑选，这样便于观察和比较。

眼睛：健康狗狗的眼睛清澈有神，睫毛干净整齐，眼圈微带湿润，无血丝和分泌物，颜色均匀。如果发现狗狗眼结膜（眼皮内侧）呈米黄色或苍白色，角膜（眼球最外层）出现浑浊、白斑、蓝灰色等症状，则不宜购买。

耳鼻：健康狗狗的耳朵都比较凉，耳孔干净，呈粉红色；鼻尖和鼻孔周围湿润且有冰凉感（睡眠时除外）。如果狗狗的耳朵上有紫红色或黑色的污斑、硬块，或者呈苍白色，或者翻开耳朵时发出臭味，很可能是狗狗的健康状况出现问题，要慎重购买。

牙齿：健康狗狗的牙齿排列整齐，牙龈呈淡红色，无怪味（特殊品种除外）。

肛门：最好跟其他同类犬只比较，以便观察肛门是否干燥。如果肛门潮湿，有可能是腹泻。

骨骼：可以把狗狗抱起来，估测它的骨骼结实程度，并注意身体是否富有弹性，且背脊骨不突出。也可以观察一下它行走时的情况，看看是否自然灵活。

读懂连篇狗话

其实狗狗和人一样有属于自己的语言。狗狗除了发出我们日常听得见的声音，像“汪”“呜”“嗯”“嗷呜”等，还有丰富的动作语言。所以，一定要清楚一些“狗言狗语”，以便进入它们的世界，和你的狗狗顺利地交流。

通用狗狗语音翻译，帮你冲破语言障碍

狗狗的语音	狗狗的情绪	狗狗想要表达的话
汪、汪汪（短吼）	开心	好高兴啊！主人回来啦！
汪汪汪、汪汪汪	怀疑	这东西好奇怪！有可疑物！
嘿嘿嘿、嘿嘿嘿	兴奋	好期待哦！有吃的，有新玩具，要出去玩！
呜……汪汪汪	生气	想打架吗？
嗯……嗯……嗯	难过	留我一个孤零零看家！
呜呜……	生气	再惹我别怪我翻脸！
嗷、嗷、嗷	痛苦	受伤了，快帮我看看（尾巴被踩到，脚被夹了）
嗷呜……（长音）	警戒	有危险靠近

俯首、轻舔、爬跨，狗狗的基本动作你要读懂

◆当狗狗把身体前端俯低，后端抬高，尾巴起劲地摇动，眼睛也透出光亮时，它是在对你说："和我一起玩耍吧"。如果这个时候你表情严肃，又或者是像根木头一样不理会它，它就会用特别友善的方式表达，热情地蹭蹭你的腿、围绕着你转圈，以引起你的注意。这个时候，如果你不是有特别重要的事情要忙，请尽量接受它的邀请，哪怕只玩一会儿，都是对它友好邀请的回应，它会很开心的。

◆狗狗的鼻子非常灵敏，是狗狗感知器官中最敏感的部分。如果你的狗狗不停地用舌头舔自己的鼻头，说明此刻的它有些不安。它也许正在判断一个新的情况，或是为该不该接近某位客人而犹豫不决，也可能是在集中精神试图理解一个新的口令。如果所处情况是你觉得可控的，那就安抚它的不安或者是用游戏分散它的注意力。如果是处在陌生的环境，可能说明周围有危险，请你与狗狗尽快离开。如果不是你很熟悉的狗狗做出该动作，你千万不要贸然接近，此时它可能非常紧张，更可能会对你造成伤害。当然，对于那些站在饭桌旁对着晚餐大舔鼻头的狗狗，你肯定能猜出它的小心思。

◆当你的狗狗爬跨到另一只狗狗身上，或是站起来用爪子按住其他狗狗的身体时，它其实是在说："我才是头犬，你可不要嚣张！"爬跨并不是狗先生才有的行为，有些争强好胜的狗小姐也会这么做。犬主人们常常不明白同性狗狗之间为什么也会爬跨，其实这只是一种征服性的动作，里面很少有性的意味。

翻身、拱背、摇尾巴，猜猜狗狗的那些鬼点子

◆如果你的狗狗在你面前做出肚皮朝天、爪子举向空中的动作，它是在表示谦恭与服从。可能是它干了什么“坏事”，为了避免你的训斥而翻着肚皮表示道歉；又可能是你让它做一件不太情愿的事，它想借此耍赖。当然，更多时候可能是狗狗想告诉你：“来吧，快来和我玩耍，来拍拍我的肚皮！”如果它在另一只狗狗面前摆出这个架势，那是在认输。

◆拱背这个动作表示性的意图，如果它们是相配的一对，可以安排它们结合。否则，应尽量避免发情期与异性狗狗交往。

◆“摇尾巴的狗狗是友好的”。在一般情况下，这句话的表述是正确的，因为它在主人归来时总是在不停地摇尾巴，以此表示内心的高兴与欢迎。但也会有特殊情况，比如狗狗可能处于恐惧、激动或困惑的状况。如果是别的狗狗正在它的饭碗里偷吃，那它摇尾巴就是表示抗议和愤怒。一只受了惊吓的狗狗可能把尾巴低低地夹在两腿之间摇动，这是它在琢磨下一步的行动：“我该战斗、逃跑，还是投降？”一个愤怒的挑战者，往往会高举着快速摇动的尾巴进攻或袭击。

俯首、轻舔、爬跨、翻身、拱背等狗狗的每一个动作都有小学问。因此，在与狗狗生活的日子里，要对它多加观察，慢慢地你就能明白它的动作语言了。

安家落户

给狗狗一个温暖舒适的家

狗狗的情感丰富、细腻，它像人类一样，希望被爱被呵护，希望有人能陪伴左右，同时又要有属于自己的安静的、自由的空间。

一般来说，狗狗的活动范围都在房子内。因此，在带狗狗回家前，为了确保其安全，要仔细检查房内的整体环境，将它可能会触碰到的而且会使其受伤的危险物品存放好，以防止意外伤害的发生，比如清洁剂（误食会导致消化道损害）、电线（缠绕会导致窒息）、纽扣（误吞会导致窒息）、细线（缠绕会导致窒息）、缝纫针（会扎伤）、大头针（会扎伤）和危险的植物（会扎伤）等。此外，请将没有使用的插座用胶带覆盖，以确保安全。更不要在狗的脖子上绑丝带，如果被它吞食，可能会损害消化道；如果脖子上的丝带被其他物品钩住，还可能导致狗狗窒息。

此外，狗狗还需要一个睡觉、休息的地方，我们可以根据狗狗的体型大小来选购合适的狗窝。狗窝通常有封闭式的塑料狗窝和金属狗窝两种。努力为宝贝狗狗打造的柔软暖和小窝，给它留下好印象，让它爱上舒适的新家和贴心的主人。

狗狗的“厕所”也很重要

除了日常活动空间的改造，狗狗的尿液、粪便的清理也很重要。

很多城市街道上都会立有禁止宠物狗随地大小便的警示标识，也会在一些公园处设置宠物便便箱。为了营造良好的公共环境和家庭卫生，主人一定要让狗狗学会并习惯使用排便器。因此，一个狗狗专属的“厕所”就显得相当有必要。

狗狗的“厕所”——洁具最好由托盘和栅栏两部分组成。托盘的作用是将狗的排泄物与地板隔开并收集在一起，以便清理；栅栏的作用是将宠物的身体与托盘内尿液隔开，以保持宠物身体的干净。

洁具选用的材料应弹性适中，以不伤害狗狗的脚为宜。

洁具应该放在平整的地面上，因为狗不喜欢在睡觉和吃饭的地方大小便，最好距离狗窝2米以外。

市面上有众多为狗狗量身定做的实用又美观的“厕所”，如平板式、网格式、围栏式，主人可以根据自家爱犬的体型来购买。经过用心训练指导，你的狗狗就会爱上你购置的“厕所”，也不会再随地大小便啦。

狗狗所需的各种日常用品

生活中，我们会用到梳子、指甲剪等日常用品，以打造良好的个人形象，其实狗狗跟我们是一样的。因此，建议提前备好狗狗需要使用到的相关日常用品，比如喂食用的餐具、遛狗用的狗链、外出用的携带箱等等。狗狗的日常用品很多，但并不是每一样都是必需的，有些用品只是为了带给狗狗和主人更多的便利性。不过，一些使用频率较高的用品，如带狗狗散步会用到的颈圈和狗链、狗狗吃饭的餐具和玩乐的玩具，以及帮助狗狗清洁卫生的梳子、洁牙骨等，最好都购买齐全。

颈圈

狗狗的颈圈用于套住其颈部，应由轻巧的尼龙或皮革材料制成，大小要适合狗狗的体型。在颈圈上贴一个标签，标明狗狗的名字及主人的联系方式。若狗狗不慎丢失，别人也能通过这些信息尽快找到你。

狗链

一般来说，狗链的长度在1.3米左右较为合适。狗链有皮革和伸缩尼龙等多种材料可供选择，样式也有很多种。

食具

一般由陶瓷或金属材料制成，两者均容易清洗。购买时选择不易翻倒的食具，这样才能给日常的打扫带来便利。使用时将食物和水分开盛装在不同的食具里，方便狗狗食用。

玩具

玩具可以帮助狗狗进行运动，也可以满足它想咬东西的欲望。帮狗狗精心挑选的玩具，必须是不易碎裂且不能被狗狗撕开或吞食的，避免引发安全事故。

洁牙骨

选择一个好的洁牙骨，可以减少狗狗的牙菌斑跟牙结石堆积，让狗狗远离牙周病，使其牙齿更健康、更洁白，笑容更迷人。

梳子

如果你也想让自己的狗狗有一身漂亮柔顺的毛发，一定要时常帮狗狗梳理。此时一把梳子就能够帮助你。梳子的种类很多，选择合适的梳子，才能达到良好的效果。

指甲钳

狗狗的指甲就像人的一样，也会一直生长，因此需要定期修剪与保养，过长的指甲可能会影响到狗狗走路，甚至伤到它的肉垫。使用时也要温柔，以防伤到狗狗。

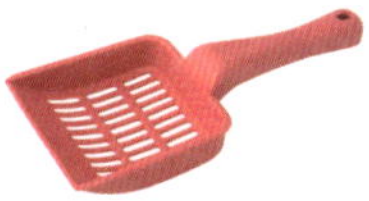

排便器 + 铲便器

在狗狗还小时（刚进家门），就让它有固定排便的地方并养成固定地方排便的习惯。小小的排便器能保持家里的整洁卫生，给主人减轻打扫的工作量。

携带箱

携带箱用于外出时携带狗狗，方便、整洁、卫生，市面上有皮革、帆布和尼龙等多种材质和款式可供选择，主人要根据狗狗的身材大小加以挑选即可。

狗狗接种疫苗应注意的问题

疫苗注射和身体检查是最常见、最简单和最基本的疾病预防手段。身体检查一般会先看眼睛，如果发现狗狗经常用爪抓眼睛或不停眨眼，可能是它的眼睛出现了问题，感觉疼痛所致。再来看被毛和皮肤，替爱犬梳理被毛时可顺便检查它的皮肤是否健康，是否有跳蚤，是否有皮屑和脱皮现象。也要量体重，狗狗过瘦可能需要补充营养，过胖可能需要减肥。看脚趾则是检查脚趾之间和脚垫是不是存在可能引起感染的异物。另外，还要检查狗狗的牙齿、耳朵、粪便，若发现狗狗时常摇动头部或抓耳朵，且耳内发出恶臭的话，就说明有耳蚤了。若有牙结石甚至蛀牙，或发现爱犬的粪便太软，且带黏液和血丝，则需迅速就医。

疫苗注射时间如下：一个半月时施打幼犬六合一疫苗；两个半月时施打第一剂八合一疫苗；三个月时施打第一剂莱姆疫苗；三个半月时施打第二剂八合一疫苗；四个月时施打第二剂莱姆疫苗；四个半月时施打第三剂八合一疫苗与狂犬疫苗；一岁四个月时施打年度莱姆疫苗（以后每年一次）；一岁四个半月时施打年度八合一疫苗与年度狂犬疫苗（以后每年一次）；配种前的母狗视情况最好追加一剂八合一疫苗。

要特别注意的是莱姆病，这是由伯氏疏螺旋体所引起的人畜共通传染病，经壁虱所传染，导致皮疹、心肌炎、丝球体肾炎、红肿、心导阻断和关节发炎等现象。由于是人畜共通疾病，如果你的狗狗常在外玩耍或者你与狗狗常亲密接触，建议你带你的宝贝去打莱姆疫苗。这种疫苗是没包含在八合一疫苗之内的，要另外施打，成年犬每年一次，幼犬第一次施打要每月一次，连续两个月。

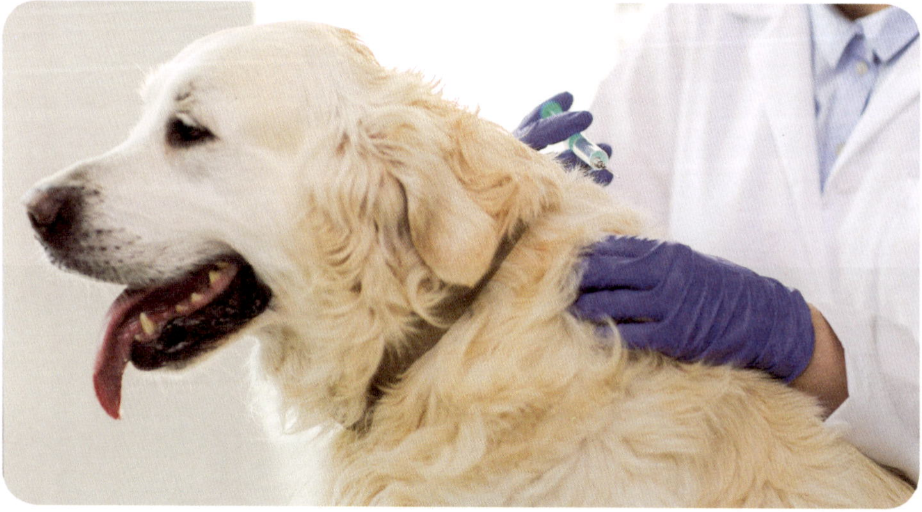

做好狗狗的体内驱虫

日常除了为狗狗提供食物外，狗狗的健康也需要主人花心思。要定时为狗狗驱虫，如果狗狗身上有寄生虫，不但对狗狗的健康有害，还会影响到人类。人类如果不小心吞进犬蛔虫卵，即使量很少也有可能导致感染，甚至还会导致失明。因此，为保证狗狗和人类的健康，良好的卫生习惯与合理的防护措施是很有必要的。

1 **【犬蛔虫病】**犬蛔虫病是由犬蛔虫和狮蛔虫寄生于犬的小肠和胃而引起的一种肠道线虫病。主要危害对象是幼犬。症状主要表现为消化障碍、消瘦等，严重时可在呕吐物和粪便中看到蛔虫的成虫。防治方法为彻底清洁犬舍环境，并予以消毒。病犬可服用驱虫药来驱虫。

2 **【犬钩虫病】**犬钩虫病是由犬钩虫和狭头钩虫寄生于小肠内而引起的疾病。症状主要表现为瘦弱、贫血、食欲不振、异嗜、呕吐、四肢浮肿和口角糜烂等。防治方法与防治犬蛔虫病相同，定时服药即可。

3 **【犬绦虫病】**犬绦虫病是由多种绦虫寄生于小肠内所引起的常见寄生虫病。症状有肛门不适、消化不良、食欲不振、腹痛、消瘦、贫血、粪中排出米粒大小的节片等。防治方法为日常定期给犬舍清洁打扫，定时驱虫。

4 **【犬心丝虫病】**犬心丝虫经由蚊子叮咬而传播，任何品种、年龄的犬只，无论户内户外、一年四季都可能感染犬心丝虫。常见症状为咳嗽、精神不振、食欲减退、运动耐力降低、易喘及疲惫、呼吸困难，严重感染甚至会出现咳血、贫血、腹水、心肺肝肾功能衰竭等。预防是杜绝犬心丝虫病的最佳策略，让爱犬每月服用抗心丝虫药，就能有效预防犬心丝虫病。

狗狗的配种

狗狗可否繁殖下一代，还需三思而行

狗狗和人一样，在成年之后会对爱情生活抱有极大的好奇心和无限的向往。如果你想让你的狗狗拥有完美的爱情生活，希望看到爱狗也体会身为父母的快乐，那你就一定要充分了解狗狗的生殖健康知识了，如狗狗的发情配种、孕期照料和产期照料等知识都是要认真学习的，为狗妈妈和狗宝宝的健康做好准备。

相反地，如果你考虑到自己的经济情况、照看能力等因素，不想让自己的爱狗做妈妈或爸爸，也可以选择给它们做结扎手术。

在经过慎重思考后，如果你决定了让你的母犬繁殖后代，那你必须清楚地意识到自己将要面临巨大的工作量，它不仅会耗费你更多的时间与金钱，在知识面的掌握上也会对你提出更高的要求。具体包括增加饲料及兽医费用、良好的知识储备，以便轻松应付狗狗在繁殖过程中所出现的一系列问题。

在此，还是要特别提醒各位狗狗的主人，在决定是否让自家的狗狗繁殖下一代之前，一定要考虑清楚自身的经济和环境状况，千万不要在养不起、照看不了更多狗狗或没人领养狗狗的情况下，就让狗狗繁衍下一代，以免造成爱狗狗的我们却让更多的流浪狗狗出现在街头的情况。

狗狗要繁殖下一代，配种犬种如何选择

如果你已经过了全面的考量，做出让狗狗繁殖下一代的决定，在了解狗狗的发情情况后，为了对你的狗狗负责，最好是亲自出马，给狗狗选个好对象。

配种时应该尽量选择好的犬种，外形好、体质强壮、生长发育快、抗病力强、繁殖力高的公狗是上上之选。这样繁殖出来的后代，因为先天的遗传基因优良，能存活的概率会比较高，并且拥有更强健的体格和抵抗力，不容易产生不明的病变，对狗狗或主人来说都有好处。同时，公狗在配种时能紧追母狗并且频频排尿，生殖器官无缺陷、阴囊紧系、精力充沛、性情温和也是必须考虑的因素。

选好优秀的犬种后，紧接着就是要让“新婚夫妇入洞房”，即进行配种工作。

配种时应该注意以下事项：

1. 母狗一般每年可以繁殖两胎，但如果生育过频，将会影响母狗和狗宝宝的体质。主人可根据母狗的年龄和健康状况，每两年繁殖三胎或每年一胎是比较适宜的。若是母狗超过9岁，一般不宜再繁殖，因为繁殖中可能会有难产的风险。

2. 配种前要看管好发情母狗，防止被非选定的公狗偷偷配种而使狗狗后代的质量受到影响。

3. 给狗狗配种应选择安静、清洁的场所进行，除了狗主人外，不要让其他闲杂人等围观、喧闹。

4. 配种后不要让狗狗立即饮水或进行剧烈运动，应让公狗、母狗各自回家休息。

5. 母狗每次发情日期、各发情阶段持续天数以及交配日期都要仔细记录下来，以备日后参考。

狗狗生理期怎么办

有些人听说狗狗有生理期的时候会很吃惊，可是当你想想狗狗也有性行为与繁殖下一代的情况，这时是不是就会对狗狗的生理期比较释然了。

一般情况下，每只雌性狗狗会在出生7~8个月后迎来生命中的第一次月经。之后每半年就会来一次，也就是说一年会有两次，一次会持续一至两周，而且主要在冬季和春季。当然，因为狗狗的体质存在差异，有些狗狗生理期会来的比较晚，可能1~2岁时才来第一次月经；也可能一次持续的天数会多几天或少几天。该方面的知识，可结合狗狗自身的情况向兽医咨询。

狗狗的经血是一滴一滴的，小型狗的经血量不大，大型狗就会相对多一些。需要强调的是，狗狗的本性会把自己的经血舔掉，此时主人不必过于惊慌。如果你不希望狗狗把经血滴在家里的话，这段时间最好不要让它睡在你身上、爬到床上或者是沙发，也可以到宠物用品店买狗狗专用的生理裤。狗狗第一次穿都会不习惯的，如果你家狗狗很排斥或很不喜欢穿生理裤，在生理期间不要让狗狗出门，否则它散发的气味会招来公狗，容易诱发性行为。若要出门，避免公狗的接近就可以了。其实，一般在家里的话就不需要穿生理裤，不然狗狗要大小便会比较麻烦。但是狗狗生活的环境要保持干净、卫生。如果需要外出，尽量穿上生理裤，因为狗狗生理期间子宫颈是张开的，很容易感染细菌，造成子宫病变，穿上生理裤就能有效避免细菌感染。

此外，生理期间狗狗的阴部会肿胀，它会感到不适并一直舔。此时，建议你用温热水帮它擦拭，以减轻它的疼痛不适与焦躁不安。

怀孕狗妈妈的护理方法

狗狗如果交配顺利，就要准备做妈妈了！怀孕期间的照看非常重要，这会直接影响狗妈妈及狗宝宝的健康。主人可要打起十二分精神。

狗狗的平均孕期是63天，也有稍微提早或延迟出生的。在怀孕期间，狗狗的行动往往变得迟缓、懒散，这时狗狗需要适当的户外活动，以预防难产的发生。运动以常规的散步为主，但运动中禁止跑跳的动作，也不要让肚子受到压迫，更不能运动过量。

狗狗怀孕期间的营养同样重要，它对狗妈妈的健康、狗宝宝的正常发育、防止流产、狗狗乳汁的分泌量等都具有决定性的作用。在怀孕初期（约 35 天内），狗妈妈腹中的宝宝还没有成型，在食量的需求上不大，延续原来的喂养方式即可。在怀孕的中后期，即35~42天、43~49天、50~60天的时候，饲喂的饲料量应分别在原来的基础上增加10%、20%、30%，尤其后期更应注意增加一些易消化、蛋白质含量高以及富含钙、磷、维生素的饲料。在妊娠35~45天时，每天应喂3次；44~60天，每天可喂4次。怀孕狗狗营养需求重点在优质蛋白质上，维生素及矿物质也应适量供应，以少量多餐为宜。

有些狗狗在怀孕期间会持续排出绿色分泌物，这是一种由胎盘产生的物质，属于正常现象。该物质在怀孕的最后2周分泌量会减少，在分娩时你会在胎盘中看到很多这种绿色的分泌物。

孕期中的狗妈妈性格会稍有改变，易怒、烦躁，也会更加依赖主人。它可能会因为食物不可口、被吵醒或者不被重视而吠叫。这时，你不要责骂它，因为你的安抚要比严厉的训斥更有效。花更多的时间陪陪孕犬，通过抚摸给予它安慰，解除它的烦躁，还应避免与其他狗咬斗。

你对爱犬的产期应有一个大概的估计，并在产前的3周左右准备好产仔箱，以便让母犬有足够的时间来逐渐熟悉和适应。

狗狗的生产

狗狗的临产征兆

你要随时关注怀孕狗妈妈的健康状况，仔细观察狗狗是否出现以下几种临产征兆，以准备迎接随时降生的狗宝宝。

1 烦躁不安，寻求主人的帮助。

2 有时会呕吐。

3 外阴及阴道等组织充血，尿频。

4 分娩前数小时会突然排出绿色黏液，显示胎盘开始与子宫分离。

5 体温下降，一般降至 38℃以下，怀孕最后 24 小时体表温度下降到 36℃。

狗狗的分娩时刻

经过你的悉心照料，狗狗就要迎来分娩的重要时刻啦。你不用太紧张，因为狗狗一般可以自行分娩，不需要太多的协助。分娩的过程一般需要经历子宫颈张开、分娩胎儿和排出胎盘三个步骤。

STEP ① 子宫颈张开

有些狗狗无明显症状，有的狗狗会出现短暂的阵痛收缩，挤出第一只胎儿到骨盆腔，使胎衣进入子宫颈，刺激子宫颈张开。这时狗狗显得很不舒服、焦躁不安，并可能会表现出痛苦及心跳加快等现象。这时你需要做的就是等待。

STEP ② 分娩胎儿

分娩用时视生产幼犬数目而定，一般不超过6小时。当第一只胎儿进入骨盆腔时，阵痛收缩会逐渐加强。阵痛收缩最强时，狗狗后腿伸直，有时会排尿。羊水囊先出来，狗狗咬破囊膜，使得囊膜及羊水润滑产道。狗狗阵痛加强后会躺下，你不要急着去帮助它，因大部分狗狗并不愿意有人干扰。幼犬出生时，约有60%是头先出来，40% 则是后腿先出来。

STEP ③ 排出胎盘

胎盘一般在狗宝宝出生后15分钟排出，也常随下一只幼犬的出生排出。母犬会吃掉胎盘，过后会呕吐或下痢。你可以收集清理掉一部分胎盘，要点清排出的胎盘数目是否与幼犬数目相同，若排出的胎盘数目少于生产的幼犬数，有可能是因为有胎盘滞留在产道尚未排出，此时应迅速通知兽医处理。

狗狗的产后照料

狗狗月子期是不能洗澡的，而且在哺乳期也最好不要给它洗澡，以免感冒或是影响哺乳。在此期间给狗妈妈进行毛发梳理，用毛巾适当擦拭即可。如果狗狗是在冬季生产，还应做好仔犬的防冻保暖工作。可增加垫草和垫料，在狗窝门口挂防寒帘等。在天气暖和时，要带狗妈妈到室外散步，每天最少两次，每次半小时，以后可以相应延长，但不要做太剧烈的运动，以增强体质为目标即可。

刚分娩完的狗狗，一般不进食，可先喂一些葡萄糖水，5~6小时后补充一些鸡蛋和牛奶，直到24小时后才开始正式喂食，最好喂一些容易消化的食物。最初几天可喂食营养丰富的粥状饲料，如牛奶冲鸡蛋、肉粥等，保持少量多餐，一周后逐渐喂食较干的饲料。

狗狗产后因保护仔犬而变得很凶猛，刚分娩过的狗狗，要保持8~24小时的静养，陌生人切勿接近，避免狗狗受到骚扰，致使狗狗神经过敏，发生咬人或吞食仔犬的后果。同时，还要注意狗狗哺乳情况，如狗妈妈不给仔犬哺乳，要查明是缺奶还是疾病原因，及时采取相应措施。如果狗宝宝比较多，狗妈妈奶水供应不足，可以给狗妈妈喝鲫鱼汤、骨头汤、牛奶、猪蹄汤，以促进乳汁分泌，或是直接吃速溶钙维素，也可以增加泌乳量。如果有的狗狗母性较差，不愿意照顾仔犬，必须严厉斥责，并强制让它喂奶给仔犬喝。对不关心仔犬的狗狗，可以故意抓走一只仔犬，并使仔犬尖叫，这可能会唤醒狗狗的母性本能。

此外，产房卫生也要多加注意，每天持续清扫，每个月消毒一次，及时更换垫料。

为狗狗做结扎手术

在绝育问题上，总会出现两种截然不同的意见。

拥护派认为绝育一方面能给主人减少麻烦，包括喂养成本的节省、免去深入学习繁殖知识的时间、无须耗费更多的照看时间与精力等；另一方面狗狗也不会再受到生殖系统疾病的困扰，寿命也能得到延长。

反对派则认为让狗狗绝育是违反自然规则，这样做剥夺了狗狗的生育权利，绝育手术也存在一定的风险。

因此，是否要给自家狗狗做结扎手术，主人就要根据自己与自家狗狗的实际情况，做出恰当的抉择。

狗狗和人一样，对幸福完满的生活也是充满渴望的，如果你经过全面考量后认为自己无法承担狗狗怀孕后所要面临的一系列情况与责任，也可以选择为狗狗做结扎手术。

公狗

公狗的生殖系统包括睾丸、附睾、输精管、阴茎和前列腺。

刚出生的幼犬，睾丸位于腹腔内，睾丸尾端有韧带与阴囊相连。狗宝宝出生后韧带收缩，将睾丸带入阴囊腔，出生2周后睾丸会自然下降到阴囊腔。狗狗的阴囊内含有两颗睾丸，如果睾丸未下降到阴囊腔，称为隐睾，要请兽医处理。

结扎就是将公狗的睾丸摘除，结扎后的公狗不再追逐发情的母犬，也不太会攻击其他公狗，并且不会患睾丸肿瘤。一般而言，结扎后的公狗体重明显增加，性情也会变得更为温顺。

母狗

母狗的生殖系统包括一对卵巢、输卵管、子宫角、子宫体、子宫颈、阴道及阴户。

结扎通常是将卵巢和子宫一并摘除。结扎后的母狗不会再有因发情而吸引公狗的困扰，也不会有意外怀孕事件发生，并且此后发生乳癌的概率极低。结扎后的母狗行为和性情都会发生一定的变化，除了极少数变得比较凶猛以外，大多数都会变得更温顺依人。

另外，母狗结扎后食欲会增加，进而导致肥胖。因此，要对结扎后母狗的饮食进行适当调节，控制好体重。

刚出生狗宝宝的护理方法

狗宝宝的到来，会给家里带来无限的欢乐。此时除了分享喜悦，主人也要配合狗妈妈对狗宝宝进行细心的护理。

小狗的护理从出生到断奶，在45天左右。此时期主要注意：保温、防压、吃足初乳。刚出生的小狗，行动不灵，要随时防止母犬的挤压，如听到小狗的短促尖叫声，应立即前往察看，及时取出被挤压的仔犬。仔犬体内不能产生抗体，因此要尽量吃足初乳，以提高身体免疫力。

在照看的过程中，要注意小狗发育情况，最好定期称重。一般小狗出生后5天内，每日增重平均50克左右；6至10天，每日增重70克左右；从11天以后，如果母乳不足，小狗的体重增长速度可能下降。定期称重，可以从体重的变化情况了解狗妈妈的泌乳能力，从而决定是否人工补充奶水。

补乳以鲜牛奶或羊奶为主。要经煮沸消毒后，用奶瓶喂给，温度以20℃~30℃为宜。出生15日以内，每只小狗狗的补奶量为50毫升；15~20日补奶量为100毫升；20日后补奶量为200毫升。每日3~4次。（若无鲜奶可用奶粉冲水代替。）

需要注意的是，狗宝宝出生5天以后，主人可以尝试将狗宝宝与狗妈妈一同带到室外（院子），感受一下新鲜空气与温暖的阳光。因为阳光中的紫外线能杀死狗狗身上的细菌，可以降低狗狗生病的概率，狗狗的骨骼也能得到生长发育。时间一般是一天2次，刚开始时间不宜太长，每次半小时左右，当狗宝宝学会行走，可将时间逐渐加长，地点也可以改为户外。

	护理时间表
出生后头 4 天	主人要经常查看，防止狗妈妈将小狗压伤
出生 5 天以后	如果天气晴好，不妨将小狗和狗妈妈带到室外，一起晒晒太阳，呼吸一下新鲜的空气
出生后 13 天左右	小狗会尝试睁开眼睛，此时要避免强光刺激，以免损伤小狗的眼睛。同时可将喂食的奶倒在食盘中，让它开始学着舔食
出生 20 天左右	可在喂食的奶中加入少量的米汤、稀饭；可以给小狗剪一次趾甲，以防止其吃奶时将狗妈妈的乳房抓伤
出生 25 天以后	在喂养的奶中掺入肉汤、菜汤，喂养的量可逐渐增加
出生 30 天以后	喂养的奶中加入碎的熟肉，每次 15~20 克。35 天以后，喂养的量可以有所增加
出生第 30 天	用驱虫药给小狗驱虫，以后每月一次
45 天左右	尝试让小狗断奶，习惯食用日常喂养的食物

年老狗狗的贴心陪伴与照护

狗狗有喜怒哀乐的情感，也要经历生老病死的过程。尽管我们在饮食上注重营养健康，日常的照顾体贴细致，医疗的技术也日趋完善，但狗狗的身体状况还是会随着时间的推移逐渐恶化。因此，迈入老年期的狗狗就需要特殊的照料。

狗狗变老了

一般认为，7岁以上的狗狗就已经进入老年期了。你可以在日常生活中对以下几个方面进行观察，以此判断家中的狗狗是否进入了该时期。

1 **【听觉方面】**年老的狗狗常有丧失听力的现象。如果你在呼唤它的名字或是在对它下指令时，它没有任何反应，或者有时候会无故地狂吠，那么它可能是丧失了听觉。

2 **【排尿方式】**过度口渴、尿频或无法控制排尿，这常常是狗狗的肾脏出现问题或患糖尿病的症状，也可能是因为其体内激素失调所造成，割除卵巢后的狗小姐与年老的狗狗常会有这种问题。如果你发现爱犬大小便失禁，请立即带它就医，找出病因。

3 **【饮食习惯】**年老的狗狗较容易出现牙齿和牙龈方面的疾病，并且因为牙龈发炎或牙齿松动，会出现食物从口中掉落，甚至拒绝进食的现象。

4 **【身体方面】** 如果狗狗出现咳嗽、呼吸困难、经常疲劳等症状，则表明它的身体已经渐趋衰老。

5 **【视力方面】** 年老的狗狗眼睛可能会出现一些蓝色薄膜，属于正常现象，不会影响它的视力。但是如果出现雾状的白内障，则很可能会导致其视力丧失，应该请专业的兽医加以诊治。

6 **【毛发方面】** 狗狗上了年纪，毛发会逐渐稀少、变得暗淡无光，口鼻和耳朵附近的毛发变成灰色，胡须变得稀薄。

7 **【疲倦与跛脚】** 狗狗上了年纪，它的精力会逐渐下降，容易疲倦，常常要打盹。脚关节、臀关节和肩膀关节会变得僵硬，这可能是因为骨骼磨损所造成的，也可能是旧伤或关节炎所致，应该及时咨询兽医，进行适当治疗。

用心照料年老的狗狗

狗狗在老年阶段体质会下降，健康状况也不如从前，糖尿病、肾脏疾病、激素失调、关节炎、心肺疾病、白内障、牙龈疾病和肿瘤等疾病发生的概率会增加，在这个时候它特别需要主人更细心的照料。

平时要多注意观察它是否出现一些老年狗狗常见的征兆，并及时将其征兆记录下来，以便向兽医咨询。当然，定期、规律的健康检查，对年老的狗狗来说更是不可缺少的。

除了每年要接受预防针注射与健康检查之外，还要定期测量老年狗狗的体重，因为肥胖与疾病密切相关，为了避免老年狗狗出现肥胖的情形，应少喂食点心或剩菜剩饭，并且天天带它做运动。采用散步和游戏等比较和缓的方式，并且每天坚持，但要注意运动量不能过大。适量的运动不仅可以帮助狗狗消耗多余的热量，也可以减轻关节炎给狗狗带来的疼痛，还可以促进其体内循环与消化。事实上，如果没有任何运动的话，关节炎可能会变得更严重。

吃饭时间、睡觉时间、散步或玩耍时间也都要有规律，每天都应该保持一致。固定的作息能够帮助老年狗狗保持生理上、心理上与情绪上的健康。作息不正常，则可能对它造成心理压力，机体的代谢能力也会变差。平时注意保持床体干燥，且不要直接对着风口，尽量避免过热或过冷的环境。

外出度假时，最好把老年狗狗交给好朋友代为照顾，而且最好是能够在你家中照顾。因为对于老年狗狗来说，搬迁到一个陌生的新环境中，会给它造成非常大的精神压力。

年老狗狗的饮食起居

随着年龄的增长，狗狗的各项机能都会慢慢地开始退化。

老年狗狗特别容易患牙龈疾病，牙齿也容易产生牙结石。因此，要定期带它看牙医，做详细的检查；也可以咨询专业兽医师，找出照顾它的牙齿的健康方式。老年狗狗因为牙龈被腐蚀，细菌容易侵入牙齿根部，引起牙肉脓肿，引发剧烈的牙痛，影响进食。日常主要喂松软些的食物或半流汁食物，少喂食含粗纤维和不易消化的食物，且盐分要少。老年狗狗由于活动减少会变得又胖又笨。因此要注意控制食量，可多饲喂些含维生素的食物。若家中养了多只狗狗，为了防止疾病传播，每只狗狗应固定一个食盆，不要串换。

定期为年老的狗狗洗澡也是必需的。狗狗年纪大了以后身上的体味也会逐渐加重，洗澡能有效减轻体味。

洗澡结束时，一定要记得帮它擦干，这样不仅狗狗看起来会更漂亮，狗狗的心情也会更好。但要控制好次数，过于频繁地洗澡不但会破坏狗狗被毛的保护层，而且狗狗皮肤的抵抗力也会变差，会更容易感染上皮肤病。

另外，每周至少要抽出一天的时间为狗狗做特别的梳理，这样可以帮助它分散皮肤油脂、预防皮屑并放松情绪，并且能保持毛发健康。你也可以利用这个机会，检查老年狗狗是否有皮肤病、皮肤上或皮肤内是否有肿胀等情况。

给予更多的陪伴与关爱

狗狗的一生很短，只有十几年，在我们成长的同时，它们会以更快的速度老去。以前你到家时它会活蹦乱跳、飞奔而来，还会讨喜地叼来拖鞋让你换上，进入老年期的狗狗更需要你主动与它互动，多多关心它。

狗狗在老年阶段，许多生活习惯都会改变。身为狗狗的主人，你必须敏锐地察觉它现在正在遭遇什么问题，也必须了解它心理上的变化。它情绪上会有比较大的波动，可能会变得暴躁；它可能会在半夜里突然醒来，开始吠叫和喘气，出现明显的忧伤迹象。这个时候，你要耐心一点儿，多包容它，经常拍拍它抱抱它，让它觉得有人关爱，自己并不孤单。

狗狗步入老年之后，疾病伴有的痛感会让它变得冲动易怒，攻击性增强。此时，良好的作息与定期全面的检查是十分有必要的。此外，狗狗的反应可能会比较迟钝，它的动作变慢，性情变懒惰，它不再是以前那个年轻的小伙子了，不能再蹦蹦跳跳、跑来跑去，以前很爱玩的玩飞盘、接球游戏，现在玩一两次就气喘吁吁了。行动不便还会增加狗狗对突发事件的焦虑感，千万不要强迫它做剧烈的运动。

主人应尽量多花时间陪它散散步和做小游戏，这些贴心的关怀对它非常重要。扩大狗狗的休息空间，让它生活得更舒适。狗狗会感觉得到你的这些特别的呵护的，心情也会变得愉悦。

狗狗最后的时光

相伴的时光如此短暂，尽管我们对狗狗用心呵护，但岁月还是在狗狗的脸上、身上留下痕迹。不管狗狗陪伴主人多久，不管主人做了多少心理准备，可是“再见”总是难以道出，死亡有时候来得非常突然，有时候则是漫长的抉择过程，这是一件困难且需要莫大勇气的事。

当老年狗狗变得愈来愈虚弱时，它对主人的依赖也与日俱增，而主人也会更加疼爱多年的伙伴。但死亡是不可避免的，它终究会到来，身为狗狗的主人，必须为它做出“安乐死”的决定。这对狗狗来说或许是一种解脱，可以告别折磨和疼痛。

安乐死的程序大致上跟狗狗做手术前进行麻醉是相似的，唯一不同的就是安乐死会给予过量的静脉麻醉剂。整个过程是完全无痛的，仅仅需要3~5分钟，它就会失去意识。

狗狗的土葬不常见，因为很难找到合适的地点，所以大多用火葬，并安置在宠物的安乐园里。

和狗狗在一起的时光总是美好的，但终有离别时，你要挺过这个艰难的时刻。想想这些年一起度过的欢乐时光，所有甜美的画面都会成为一生难忘的回忆。家中所有关于它来过的痕迹，那厚厚的相册，那项圈，记录着狗狗在它最后的这段日子里过得舒适和愉快。让它摆脱痛苦，安然离去吧。

Part

03

狗狗日常清洁 **要知道**

养狗狗与养孩子是相似的，它们给我们带来欢乐，我们也用心为它们服务。我们要负责它的“衣食住行”，还要重视它的“个人卫生”问题。所以，除了每天抽时间喂狗狗和陪狗狗玩，称职的主人还要掌握帮狗狗清洁的各项技能，以帮助狗狗拥有漂亮的外形与健康的体魄。

必做的清洁工作

狗狗是个淘气的小孩，经常性的清洁是非常重要的。给狗狗做日常清洁，如洗澡、剪指甲、刷牙、清理耳朵、清洁嘴角、梳理毛发，检查并清除跳蚤、虱子等，能使你的狗狗保持洁净，身体处于健康的状态。通过清洁能有效预防纠缠在一起的毛发引起的真菌感染，避免因日常不注意保护牙齿引起的牙周病，防止耳垢过多引起的耳朵感染，以及减少身上的各种污垢和细菌等。

狗狗某些身体部位的毛发应该定期进行修整，比如嘴角、耳朵、脚，这些部位的毛发的修剪并不是为了美观，而是为了狗狗能更方便地生活，不会被杂毛影响而降低生活质量。如果是长毛狗，那就更应该小心打理狗狗的毛发。长毛狗的毛发容易打结，并且白色毛发的狗狗容易变脏，会影响美观。

给狗狗做基本的清洁，目的是让它能够健康成长，主人不可偷懒或粗心大意。以上这些都是最基本的美容工作，会让狗狗成为一只干净健康的小宠儿。如果你希望让自己的狗狗变得更有个性、更漂亮，则可以做一些其他的美容项目，比如剪毛、扎头发等，让狗狗变得时尚又漂亮。

给狗狗洗澡学问大

大部分的狗狗都不喜欢洗澡，但是从健康的角度来衡量，洗澡确实不可忽视。因为洗澡不仅是为了清洁和美观，还可以防治体外寄生虫和皮肤病，并有促进血液循环和新陈代谢的作用，这样有利于狗狗的生长。同时，也能避免病菌的传染，维持家庭环境的干净整洁，保证家庭成员的健康。

就季节而言，不建议在冬季给狗狗洗澡。即使在其他季节，天气骤变的那几天，也要避免给狗狗洗澡。狗狗与人不同，它们调节温度的方式无外乎是冬季长毛、春季脱毛而已。但在夏季若遇上雷雨天气，尤其不适合给它们洗澡。狗狗洗过澡后，毛孔会张开，毛发上面的自然油脂会减少，在短时间内无法恢复过来，若被主人忽视，可能会引发疾病。一般说，长毛狗半个月洗一次澡，平日的梳理最为重要，特别是换毛的季节。短毛狗一个月洗一次，平日里只要用湿毛巾擦拭即可。另外，春季天气干燥，梳理前应该蘸些清水，以免起静电。

狗狗天生比较怕水，尤其是年纪比较小的狗宝宝，如果地上有少许水，它也会避开走。因此，要训练狗喜欢洗澡，必须慢慢来。在狗狗比较小的时候，不要将它抱到浴缸中清洗，最好是准备一个脸盆，在脸盆中倒入温水，让狗站在脸盆中洗澡。等狗狗熟悉了水的触觉后，主人就可以慢慢地将狗狗放到浴缸中。另外，洗澡时不要让狗狗的耳朵和眼睛里进水，也不要让狗狗有溺水的危险。将狗狗放到水中，用温水将狗狗的身体润湿，等到狗狗身体全部湿润后，挤出狗狗专用洗毛液，将洗毛液打起泡沫后，轻轻地在狗狗的身体上揉搓。冲洗前用手指按压狗狗的肛门两侧，把肛门腺的分泌物都挤出来。然后，慢慢地用莲蓬头冲洗狗狗的身体即可。

◎洗澡问题知多少

◆应该隔多久帮狗狗洗一次澡？

狗狗洗澡的频率取决于品种和天气，通常在夏天洗澡的频率比冬天高，夏天可以每3~4天给狗狗洗一次澡，冬天则可以每周给狗狗洗一次澡，也可以延长到7~10天洗一次澡。另外，长毛狗洗澡的频率会比短毛狗高，长毛狗的毛发比较长，比较难打理。只要狗狗毛发打结比较厉害，灰尘比较多，身上味道比较重，就可以给狗狗洗澡了。毛发比较短的狗狗，如果毛发的颜色变深，也说明可以给狗狗洗澡。

◆所有狗狗都适合洗澡吗？

需要注意的是，不是所有的狗狗都能洗澡，处于以下状态的狗狗就暂时不适合洗澡：刚抱回家的狗狗、还没有打过疫苗的狗狗、有外伤的狗狗、患有感冒的狗狗、处于不健康状态的狗狗、刚打过疫苗的狗狗、发情的母犬、孕产前后的狗狗。

◆狗狗洗澡用具都有哪些？

浴盆

根据狗狗体型大小选用，一般在狗狗较小时使用，如果是大型犬可让狗狗站在浴室里或将它抱到浴缸中。

梳子

针梳是狗狗洗澡时常用的梳子，它能把狗狗的被毛梳理得蓬松，把粘连的毛梳开，去除小的毛结、死毛。

宠物香波

给宠物洗澡的香皂和沐浴露之类的产品，有除蚤除螨、去屑止痒、预防炎症、柔亮滋润的功效。

毛巾

毛巾能快速吸水，也方便主人将狗狗耳朵、鼻子、眼睛附近的水分拭干。

吹风机

用吹风机将狗狗的被毛吹干，以防感冒。

◎帮狗狗洗澡的步骤

测试水温

将狗狗放进浴池，用手测试水温，在 37℃左右即可。

淋湿身体

淋湿狗狗身上的毛，注意将狗狗的头部稍微抬高，以免水弄进眼鼻。

倾倒香波

在狗狗身上倾倒香波，用手搓揉出泡泡。

搓洗头部

用手按摩并搓洗狗狗的头部，仔细将头部的毛发都搓洗一遍。

Tips

1.帮狗狗洗澡，是增进你与爱犬感情的好方法。但用错方法，狗狗就会害怕，以后一感觉到你要给它洗澡就会马上开溜。

2.洗澡前先梳毛，使缠结在一起的毛分开，这样也可把大块的污垢除去。梳理时还可检查狗狗有没有皮肤病或外伤。

3.一开始可先让狗狗试试水温，如果它没有排斥，再从它的脚到身体，最后到头部，温柔地将其全身淋湿。

搓洗脖子

用手按摩并搓洗狗狗的脖子，仔细将脖子的毛发都搓洗一遍

搓洗身体

用沐浴海绵搓洗狗狗的身体，身体的每一寸都要搓洗到。

搓洗前脚

狗狗前脚和脚缝的部分，要注意搓洗干净，洗肉垫时要轻柔一点。

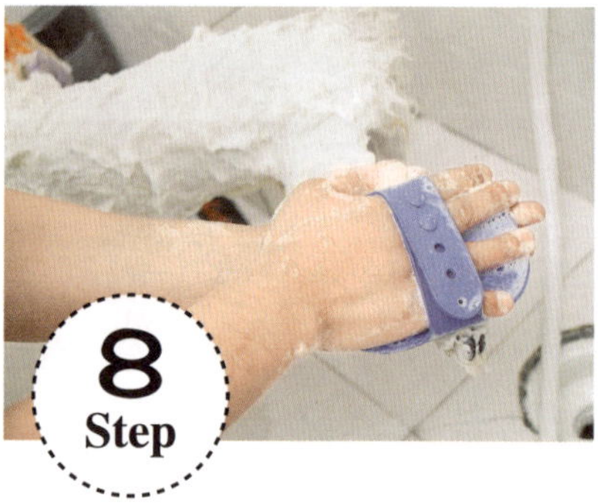

搓洗后脚

狗狗后脚和脚缝的部分，要注意搓洗干净，洗肉垫时要轻柔一点。

Tips

1.清洁桌和升高的浴缸能显著降低由弯腰清洗狗狗而导致的背部压力。

2.洗澡时间应选在上午或中午进行，不要在空气湿度大或阴雨天时洗澡。

3.仔细给狗狗搓洗每一个部位，洗得香喷喷，它会舒服又开心，也能减少皮肤病的发生。

4.洗澡时，一定要防止洗毛的液体流到狗狗的眼睛或耳朵里，给它造成不适。

9 Step

搓洗屁股

狗狗的屁股要仔细清洗，可以顺便帮狗狗挤肛门腺。

10 Step

温水冲洗

用温水冲洗狗狗全身，不要让泡沫留在狗狗的皮肤上。

11 Step

重复洗一遍

重复 3 ~ 10 步骤再洗一遍。洗完后，立即用毛巾包住狗狗头部，并将水擦干。

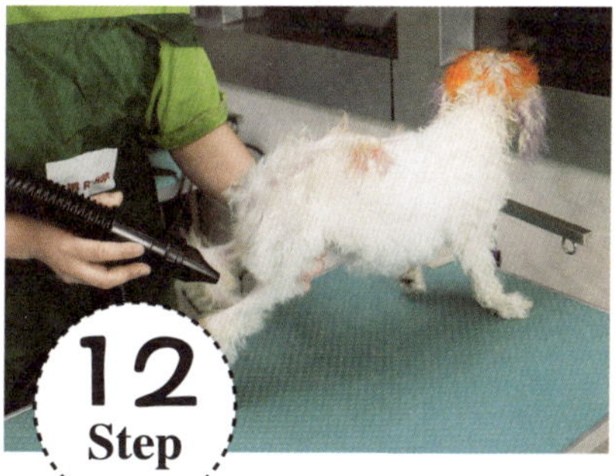

12 Step

吹干毛发

如果狗狗没有罹患皮肤病，可以用吹风机将其毛发吹干，不要忽略一些细小的地方。

Tips

1.冲水时要彻底，不要使肥皂沫或洗毛液滞留在狗狗身上，以免刺激皮肤而引起皮肤炎。

2.洗后应立即用吹风机吹干或用毛巾擦干，不能将狗狗放在日光下待其晒干。

3.一个不用的餐桌或一块坚固的胶合板可以作为一个临时的美容桌，能够帮助你给狗狗浴后打扮。但是要注意防滑，使狗狗能够站在表面上，脚下稳定，狗狗会更加有安全感。

帮狗狗把耳朵掏干净

◎关于狗狗的耳朵

狗狗的耳道呈L形，且很长，所以耳道里面容易积聚蜡质、尘垢或水分，堆积时间一长，狗狗的耳朵容易发出臭味，耳内潮湿的空间很易引起耳朵发炎。特别是大耳朵的长毛狗，它们的耳朵更容易堆积污垢。主人应该经常清理狗狗的耳道，使其保持清洁与干燥。

每月仔细检查每一侧耳朵和外耳道口一至两次。耳朵内侧和耳郭的皮肤应该是浅浅的粉红色，如果是红色、棕色或黑色说明有问题。闻一闻，有病的耳朵有恶臭味。少许耳垢是正常的，太多则不好。

日常生活中多留意观察，多花心思，如果狗狗经常抓耳朵，或者耳朵有异味时，就代表该清洁它的耳朵了。

耳垢的清除方法很多，现在有专门的宠物滴耳液，可用于清洁狗狗的耳朵。如果狗狗的耳朵比较小，可以用棉花棒沾滴耳液来进行清理。给狗狗清理耳朵的时候，应该注意不要让狗狗感到疼痛。

◆帮狗狗清洁耳朵的工具

洗耳水和滴耳液

洗耳水可用于狗狗的耳道清洁，滴耳液能杀灭耳道微生物，预防耳道疾病。

棉球

可用于清理耳郭内表面和耳道的脏东西。

棉花棒

可用于清理耳内用棉球不好清理的部位。切勿将棉花棒深入耳道内，特别是你看不到的部位，以免捣破鼓膜或是把碎片带入耳道深处。

镊子或止血钳

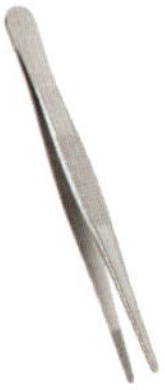

用于夹棉花，拔耳毛。

◎如何帮狗狗掏耳朵？

狗狗的耳朵里面有耳毛，在护理狗耳朵的时候，也应该注意修整狗狗耳朵附近的毛发，如果这些毛被忽视并长得太长，就会使耳垢堆积，阻断空气流通，容易滋生细菌形成耳螨。特别是对趴耳的狗狗来说更是如此。因此，清理耳朵前先要剪去朝向耳道内的长毛。一定要在结实的修剪桌和良好的光线下完成这个工作。把犬坐放在桌子上，必要的话让人帮忙按住也是可以的。

在家清洁狗狗的耳朵时，可将狗狗的头放到自己膝盖上，让狗狗侧躺，一只耳朵朝外，固定住狗狗的头。将滴耳液滴在棉花棒上，再放入狗狗的耳朵里，慢慢转动，以便清理耳道。也可把狗狗的耳朵外侧轻轻翻过来，扣在头上，让耳道露出来，滴进洗耳水，然后把耳朵翻回来，轻按耳朵，同时用手控制住狗狗的头，防止它甩出洗耳水，坚持几秒钟，让洗耳水流到耳道深处，再用棉花棒擦掉外耳及耳道内的脏物。以同样方法清洗另一只耳朵。

◎帮狗狗掏耳朵的重要步骤

翻开外耳

把耳朵外侧轻轻翻过来，露出耳道，滴进洗耳水，然后把耳朵翻回来，轻按耳朵。

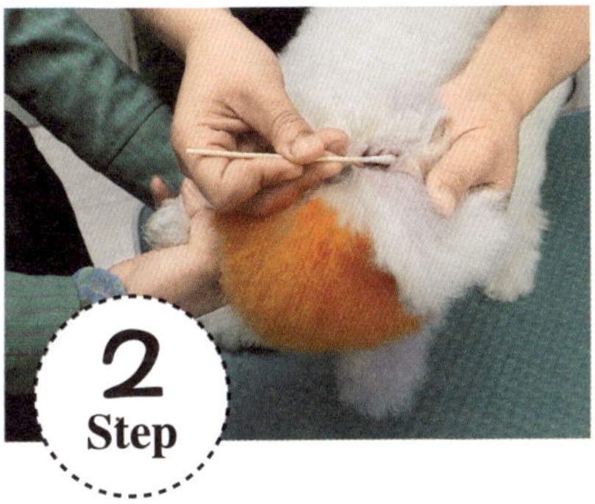

擦去耳垢

坚持几秒钟，让洗耳水流到耳道深处，再用棉花棒擦掉外耳及耳道内的脏物。

Tips

清洁狗狗的耳道时，如果发现分泌物的量过多，且颜色呈黑色、深咖啡色或黄绿色，说明狗狗的耳朵已经受到感染，请尽快带狗狗去做详细的检查。

清理狗狗的泪腺

◎狗狗的泪腺知识

狗狗的泪腺分泌较旺盛，由于泪管与鼻子相通，如果有脏东西进入眼睛里，就会导致鼻泪管堵塞，这时候狗狗就会不停地流泪，而且在眼睛两旁会留下褐色的固体物质。如果不及早疏通鼻泪管，就会引起眼睛发炎，致使狗狗不停地挠眼睛，对眼睛造成伤害。

白色和浅色犬，尤其是宠物犬，其眼睛周围的毛发时常会被泪腺分泌的黏液所污染，这种分泌液使毛发呈难看的红棕色，如果分泌液过多还会造成黑眼圈。眼泪过多由多种因素造成：遗传、过敏、忽视脸部护理、泪腺疾病、不合理的饮食、结膜炎或牙痛等。兽医能诊断眼泪过多的原因并控制它，但日常的泪腺清理也是不能缺少的。如果狗狗面部长期处于潮湿状态，面部皮肤会溃烂。

某些眼球大、泪腺分泌多的狗狗，常从眼内流出多量泪液，使得眼角下被毛变色，如北京犬、吉娃娃、西施犬、贵妇犬等，因此要经常检查狗狗的眼睛。当狗狗患上某些传染病（如犬瘟热等），特别是患有眼病时，常会引起眼睑红肿，眼角内存积多量黏液或脓性分泌物，这时要对眼睛进行精心的治疗和护理。

◆帮狗狗清理泪腺的工具

棉花棒

可擦去狗狗眼角的脏物。

纱布

可抹洗狗狗的眼睛。

眼药水

能用于清理狗狗的眼睛。

◎如何帮狗狗清理泪腺？

泪液长期浸渍在内眼角处，可能引起发炎。因此，主人要勤劳地帮狗狗清理泪腺。平时只要把狗狗的眼睛撑开，用纱布沾上洗眼水轻柔地擦洗即可。要注意不可用棉花清洗，因为棉花容易黏住眼睛，令狗狗非常难受。如果有过多的分泌物，可先用硼酸溶液洗掉，清洗时要小心，如果滴在毛发上，可能会留下污渍。最后给狗狗滴几滴眼药水，可以让狗狗的眼睛更舒服。

◎帮狗狗清理泪腺的步骤

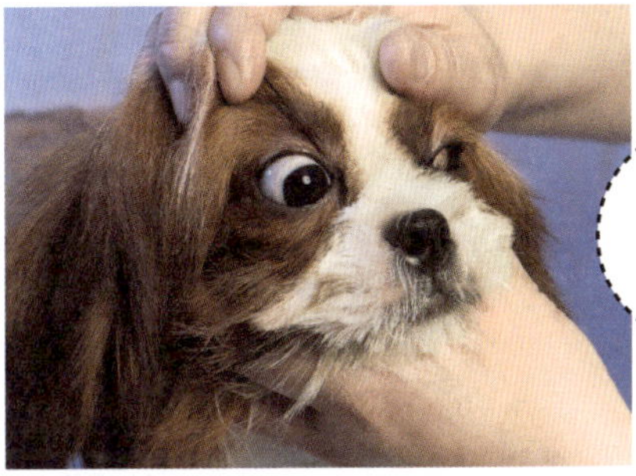

1 Step

撑开眼睛

把狗狗的眼睛撑开，不可以太用力，要固定住狗狗的头部，不让狗狗乱动。

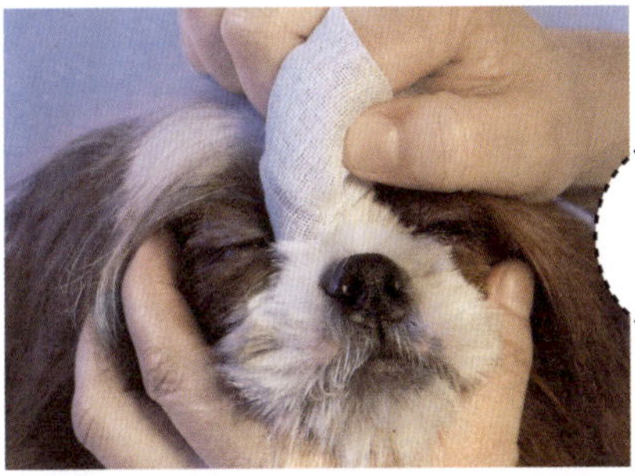

2 Step

以纱布清洗

将纱布用洗眼水浸湿，然后抹洗狗狗的眼睛。清洗时动作要尽量轻柔，以免将眼球弄伤。

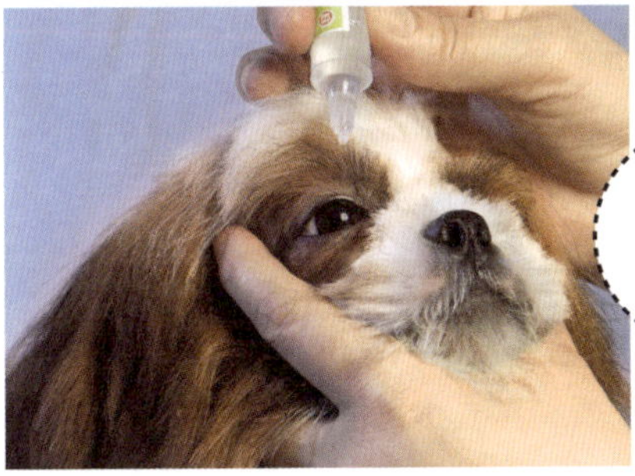

3 Step

滴眼药水

滴几滴眼药水在狗狗的眼睛里，可以让狗狗的眼睛感到更舒服一些。

Tips

如果狗狗的眼睛发炎，可点一些红霉素软膏，每天点上1~2次，一般5天就会见效。如果狗狗的眼部没有炎症，当狗狗流眼泪时，可以找几根棉花棒，一只手轻轻抬起狗狗的下巴，另外一只手拿着棉花棒，轻轻地擦去狗狗眼角的眼泪和固体物质，保持眼睛的清洁。

让狗狗香喷喷

狗狗身上都会有体臭，我们没有办法彻底将它除去，但可以将这种臭味减轻。上面提到给狗狗洗澡能让它身心畅快，外形漂亮，散发着香气。但狗狗身上散发的异味可能是由多种原因造成的，作为一名称职的主人，你要细心留意。

◆寻找狗狗身上的怪味道

1 **【体臭】**身体上散发出的臭味应该是狗狗最直接表现出来的，毛厚、出汗都会让身体散发出腥腥的毛臭味，这时可给狗狗洗个香喷喷的澡。洗澡时使用有清香味道的清洗用品会让狗狗的身上长时间保留香味。

2 **【口臭】**牙龈红肿等口腔疾病、牙垢积累太多、肠胃出现问题等都会造成口臭。要定期给狗狗检查口腔、清理牙垢。如果选错狗粮，可能引起狗狗体内火旺，嘴巴发出臭味，可换成比较清淡的狗粮。平时注意让狗狗多喝水。

3 **【耳朵臭】**耳朵产生分泌物也是发臭的原因之一。狗狗有不断挠耳朵的异常行为发生时，就要考虑可能是耳垢积累太多，需要清理了。

4 **【屁股臭】**狗的肛门下方有两个鼓起的小包，这就是肛门腺。它会分泌一些刺激性气味作为标志，所以也是很臭的味道。要去除这种味道就要在给狗狗洗澡时定时清理肛门腺。如果狗狗在大便完使劲在地上蹭屁股，说明肛门腺已经被堵住，也有可能脓肿，这时需要及时采取措施，带狗狗去看医生了。

护理狗狗的牙齿

狗狗的牙齿非常坚硬，它主要是用牙齿来咀嚼食物。当牙齿咀嚼完食物后，残存的食物会留在牙齿缝隙之中，如果不立即清理，就会出现口臭、长牙垢、牙龈发炎等问题。主人可以每天为狗狗刷牙，但是不要用人类使用的牙膏，可以买犬只专用的牙粉，每周为狗狗清洗一次。也可以给狗狗吃一些洁牙的零食，这些零食也可以达到清洁牙齿的目的。狗狗的主人不要随意给狗狗喂食黏性强的柔软食物，这类食物容易粘到狗狗的牙齿上，不宜清理掉，时间一长就会腐烂变质，让狗狗出现口臭问题。

此外，食物的温度对狗狗也很重要，如果狗狗经常吃太热的食物，到了老年的时候，牙齿就容易脱落。所以，狗狗的食物最好不要超过 50℃。

◆帮狗狗清理牙齿的工具

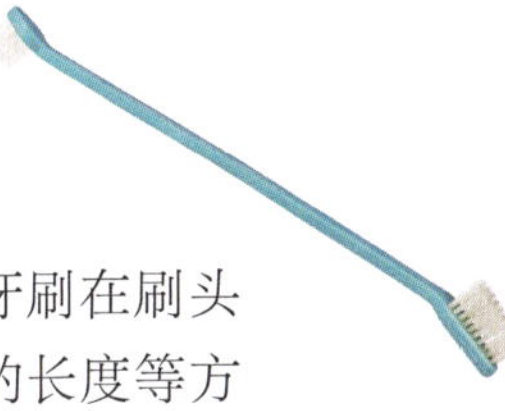

牙刷

狗狗使用的牙刷在刷头形状与刷毛的长度等方面存在差别，主人可自行挑选。

纱布

辅助狗狗牙齿清洁时使用。

宠物专用牙膏

人类使用的牙膏中的氟等成分会对狗狗的身体产生一定的影响，是不能吞食的，而宠物专用牙膏是可以吞咽的。因此，主人不能偷懒，要认真选购。宠物牙膏对宠物口腔健康很有帮助，主人在选购时要综合产品价格、使用方法来挑选。

◎帮狗狗刷牙的方法

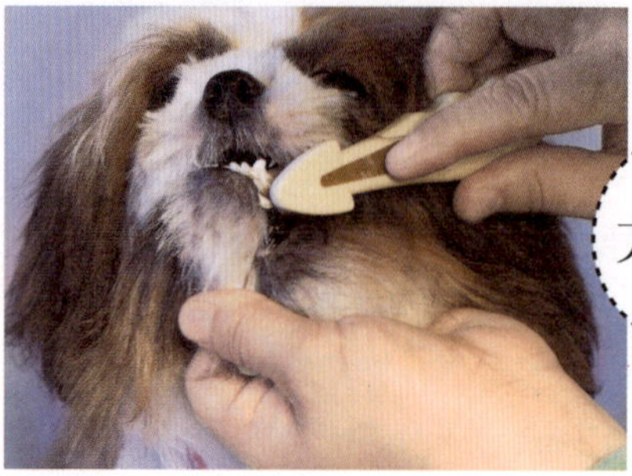

方法一

用牙刷清洗

在牙刷上挤上宠物专用牙膏，一只手把狗狗的嘴唇翻起，用牙刷上下左右刷洗它的牙齿。

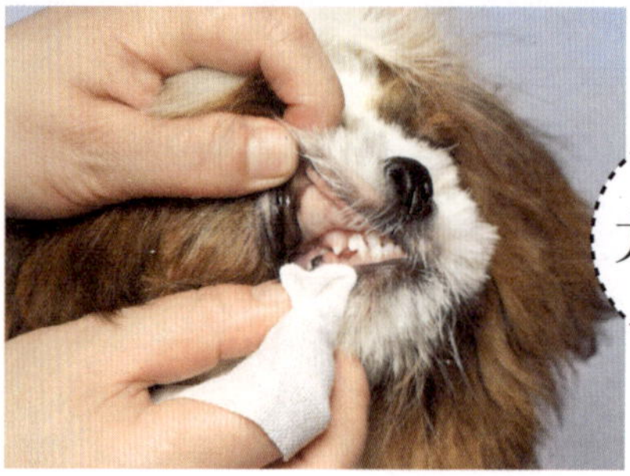

方法二

用纱布清洗

如果狗狗不喜欢刷牙，可以将纱布缠在手指上，擦拭它的牙齿和牙龈，对去除牙垢也很有效。用另一只手掰开狗狗的嘴巴，用戴纱布的手指轻轻擦拭牙齿和按摩牙龈。

Tips

狗狗也会和人类一样出现牙齿健康问题，让宠物犬养成刷牙的好习惯，是要逐渐进行训练的。在狗狗没有完全接受刷牙的习惯之前，主人一定要坚持并且有足够的耐心。

帮狗狗修剪指甲

◎给狗狗修剪指甲需耐心、小心

给狗狗剪指甲这件事情总让主人头疼，因为它一看到指甲刀就变得不情愿、变得焦躁。平时多让狗狗习惯指甲刀，没事就让狗狗看看、闻闻，习惯后就不害怕了。如果狗狗不喜欢剪指甲，不要急于求成、妄想在短时间内解决所有的事情，可以慢慢地给狗狗一个一个指甲修剪。

经常在户外活动的狗狗，由于脚指甲经常跟地面接触摩擦，长出来的指甲能够被磨平。如果狗狗很少在户外活动，运动量比较小，狗狗的脚指甲不会被磨平，时间一长，当狗狗站立时，脚就会感到疼痛。长长的指甲容易使狗狗的足部感染，让狗狗的脚底出现裂痕。因此，给狗狗修剪指甲是主人的必修课。

有些主人长时间不给狗狗修剪指甲，造成狗狗的指甲破裂、流血，甚至造成足部发炎，对狗狗的身体健康非常不利。

◆帮狗狗修剪指甲的工具

指甲钳＋指甲锉

用于修剪与磨平狗狗的指甲，款式很多，可根据需要选购。

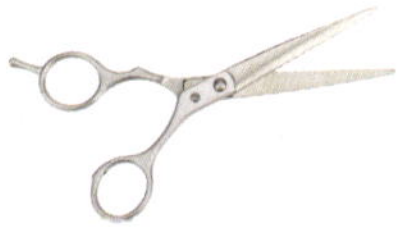

剪刀

用于修剪狗狗指爪和脚附近的毛，一般的剪刀即可，使用时要小心。

◎剪指甲小课堂

日常的指甲修剪，除使用专用指甲剪外，最好在洗澡时，等指甲浸软后再剪。修剪前，要先将狗狗的脚固定好，以免它乱动造成伤害。

依照指甲生长的速度，差不多在 7 至 10 天左右，就需要帮狗狗修剪一次指甲。要注意的是，在帮狗狗修剪指甲之前，要先看清楚狗狗的指甲，仔细地观察指甲的颜色。一般来说，狗狗指甲前半段透明的部分，是可以被剪掉的。每一个指爪的基部均有血管神经，因此修剪时不能剪得太深。修剪的时候，抓稳狗狗的脚趾前端，确认血管分布的位置并且避开，同时达到将指甲剪平的目的即可，不要太过挑剔以免弄巧成拙。狗狗的指甲很硬，且当狗狗发现你要剪指甲的时候，都会往回缩。最后剪断的那一下要果断。若剪后发现狗狗的行动异常，要仔细检查指部，检查有无出血或破损，若有破损，要立即擦涂碘酒。

除了剪指甲外，还要检查脚枕有无外伤。另外，指爪和脚枕附近的毛应经常剪短，以防狗狗滑倒。

◎帮狗狗剪指甲的步骤

1 Step

固定狗狗

将狗狗的脚固定好，以免它乱动而造成不必要的伤害。

2 Step

剪平指甲

将指甲剪平，剪除指甲的三分之一左右即可，并用锉刀将其磨平整。

3 Step

剪短多余的毛

指爪和脚枕附近的毛，要小心地剪短，以防止狗狗滑倒。

挤肛门腺

◎为什么要挤肛门腺？

犬类的肛门腺，又称肛门囊，是一对梨形状的腺体，位于犬的肛门两侧约四点钟及八点钟的地方，左右各一个且各有一个开口。肛门腺会分泌肛门腺液，这是一种极臭的液体，气味不同，颜色各异。当犬在排便时，肛门腺的开口随着肛门口打开 ，排出肛门腺液润滑肛门，使犬能顺利排便。狗狗在受到惊吓或紧张时，肛门括约肌会收缩，肛门腺液也会排出。肛门腺的另一个作用是犬之间的互相辨识，狗狗见面时会互相闻对方的屁股进行分辨。

狗狗肛门腺出口容易出现阻塞而引起炎症。轻度阻塞时，狗会在地上磨屁股或是翘脚舔屁股；严重时因肛门腺肿疼痛，会使犬排便困难。所以，最好在每次给狗狗洗澡之前进行挤压清洁。因为肛门腺液很臭，清洁后洗澡可去除臭味。建议每个月给成年的狗狗挤一次肛门腺。

◎如何正确挤狗狗的肛门腺

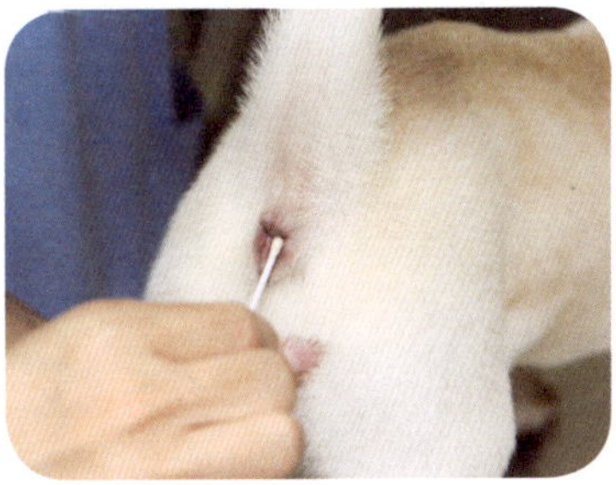

帮助狗狗清理肛门腺时，注意保持适当距离，以免被挤出的脏东西喷到。

挤压肛门腺时，首先用左手握住犬的尾根部，可以让狗狗趴着，露出肛门口；右手拿卫生纸，直接贴住肛门口，以右手拇指和食指按住四点和八点钟部位的肛门腺体，向内挤压后向外揉拉，就会有肛门腺液排出。反复挤压数次后，肛门腺液就可排空。用棉花棒将狗狗肛门附近擦干净即可。有的狗狗会喷出黄褐色而且非常臭的东西，有的狗狗只有一点。经常吃肉的狗狗更需要经常清理肛门腺。

注意在挤压的时候不可用力过度，以防造成肛门腺损伤而发炎。手法由内而外、由轻到重。挤压完后要清洗干净，防止狗狗散发出异味。

打理狗狗的毛发

◎狗狗为什么会掉毛?

很多养长毛大型犬的主人都会被狗毛满屋飞所困扰，狗狗的毛发打理起来真的那么麻烦吗？深入了解狗狗掉毛的原因或许对你有帮助。

狗狗掉毛的原因可能是由以下原因造成的：

1 狗狗在成长的过程中从幼犬向成犬转变会褪去胎毛（约3或4个月左右）。狗狗在春、秋两季容易掉毛，如果你发现狗狗在换季的时候掉毛，这属于季节性掉毛，是再正常不过的事了，你不必过于担心。

2 有时候皮肤问题不太容易被发现，特别是毛发浓密的品种，发生在长毛深处的皮肤感染，如果不仔细检查就会被忽略。但是因为局部皮肤问题和狗狗的抓挠，肯定会有掉毛现象。此时要立即带狗狗看兽医。常见的会导致狗狗掉毛的皮肤病有皮肤瘙痒、湿疹、皮肤真菌病、过敏性皮炎等。

3 狗狗的最佳粮食是狗粮，因为狗粮中通常都包含了狗狗成长需要的营养成分。如果依照人类的口味给狗狗做饭或吃人类的剩饭，都容易让狗狗体内营养元素缺乏，例如维生素和矿物质不足，同时会涉入过多盐分，从而引起掉毛。

4 有时候，频繁给狗狗洗澡或使用不适合狗狗皮肤的香波，都会造成狗狗掉毛。所以日常选购要细心，注重日常用品的质量。

◎狗狗处于季节性掉毛时怎样照料？怎样做好家居打扫？

狗狗因为太热而掉毛，这是一种很正常的生理调节。在这段时间里，不用特意给狗狗补充营养或者能量，只要让狗狗保持正常饮食就好，但是要注意，要让狗狗摄取充足的水，喝水能够降低狗狗中暑的概率。在狗狗换毛期间，主人要勤于为它梳理毛发，可以将狗狗身上已经脱落但是没有掉落的毛发梳理下来，这样不仅能够让狗狗身体更加轻松，还能够防止毛发打结，易于打理，也可防止狗毛弄得满屋都是。

吸尘器、海绵拖把、胶带（粘尘胶辊或粘尘纸）是狗狗掉毛时必备的打扫利器。便宜又好用的工具首推海绵拖把，适用于大理石、地砖、防水地板等不怕水的地方，顺着一个方向拉过来，轻轻松松就能将狗毛吸干净。普通扫把在打扫狗狗毛发时，由于毛发比较轻，扫的时候会满天飞，效率较低。有水的地方可以改用吸尘器，吸嘴扁平、吸力大的，能将掉毛全都吸干净。对于床上、沙发、抱枕、衣服上黏附的毛发，粘尘胶辊或粘尘纸（可用胶带代替）是不错的选择，这个方法清理彻底、操作简单，不用再烦恼弹之不去的毛毛了。

狗狗在掉毛期时，主人一定要保持家中的清洁。养白色狗狗的主人，最好不要穿深色衣服，否则容易黏满毛，看起来会感觉脏兮兮的。

◎让你的狗狗爱上梳毛

都说人靠衣装，那么狗狗的靓丽靠什么呢？当然是它的毛发。毛发对于狗狗来说特别重要，尤其是拥有一身柔顺飘逸的毛发会让它看起来可爱动人。

要打理狗狗的毛发，就要每天坚持为它梳毛。当狗狗每天早晨起床的时候，你会发现它身上的毛发杂乱不堪，此时主人就应该为它梳理毛发，这样可以及

时地将毛发上的灰尘清除掉，保持毛发光泽干净。建议早晚各刷毛 1 次，每日梳毛 5 分钟。

经常为狗狗梳理被毛，除了可以除去被毛上的污垢和灰尘，防止被毛打结外，还可以促进其血液循环，增强皮肤抵抗细菌的能力。主人经常帮狗狗梳毛，可以把原本脱落的毛一起梳下来，减少狗毛在家中到处飞扬，否则不利家人的健康，也容易引发过敏。所以梳理狗狗的毛发对家人和狗狗的健康都有利。

狗狗的毛发一般是很茂密的，主人平时在家里应该多给狗狗梳理毛发，做好打理爱犬毛发的细节工作，不仅有利于狗狗的毛发健康，而且还可以让狗狗的毛发显得更亮丽。主人在梳理毛发的过程中，不妨和狗狗对话，多夸奖它。只要狗狗被梳得很舒服，以后就会爱上梳毛这件事。

◎梳毛时的注意事项

第一，梳毛时应使用专门的器具，不要使用人用的梳子和刷子。毛刷、弹性钢丝刷和长而疏的金属梳是常用的为狗狗打理毛发的梳子。毛刷只能使长毛的末端蓬松，而细茸毛（底毛）却梳不到。毛刷、弹性钢丝刷和长而疏的金属梳配合使用梳理长毛犬。

第二，梳毛时动作应柔和细致，不能粗暴蛮干，否则狗狗会感到疼痛，梳理敏感部位（如外生殖器）附近的被毛时尤其要小心。

第三，梳毛的顺序由颈部开始，自前向后，由上而下依次进行。即先从颈部到肩部，然后依次背、胸、腰、腹、后躯，再梳头部，最后是四肢和尾部，梳完一侧再梳另一侧。

第四，梳毛应顺着毛的方向快速梳拉。有些人在给长毛犬梳毛时，只梳表面的长毛而忽略了下面的底毛（细茸毛）。犬的底毛，细软而绵密，长期不梳理，易形成缠结，甚至会引起湿疹、皮癣或其他皮肤病。在对长毛犬梳理时，应一层一层地梳，即把长毛翻起，然后对其底毛进行梳理。

第五，对细茸毛（底毛）缠结较严重的犬，应用梳子或钢丝刷顺着毛的生长方向，从毛尖开始梳理，再梳到毛根部，一点一点进行。不能用力梳拉，以免引起疼痛或将毛拔掉。如果擀毡严重，可用剪刀顺着毛发方向将毡片剪开，然后再梳理。如果仍梳不开，可将擀毡部分剪掉，待新毛逐渐长出后再梳理。

第六，梳理时，发现蚤、虱等寄生虫，应立即用细钢丝刷梳拭或使用杀虫药物治疗。另外，要注意观察狗狗的皮肤，皮肤呈粉红色为良好，如果呈现红色或有湿疹，则提示有寄生虫、皮肤病、过敏等可能性，应立即治疗。若狗狗的被毛太脏，在梳毛的同时，应配合使用护发素（1000 倍稀释）和婴儿爽身粉。

◎帮狗狗梳毛的步骤

1 Step

固定狗狗

先用手把乱动的狗狗固定好，再使用专用毛梳开始梳理毛发。

2 Step

梳理头部

帮狗狗仔细梳顺头部的毛发，动作要尽量轻柔。

梳理胸部

帮狗狗仔细梳顺胸部的毛发，有打结处不可硬扯，要慢慢地梳开。

梳理前脚

帮狗狗仔细梳顺前脚的毛发，如果狗狗的脚一直乱动，要小心别弄伤狗狗。

梳理背部和侧腹部

帮狗狗仔细梳顺背部和侧腹部的毛发，该区域毛发较多，范围较大，要全部梳到。

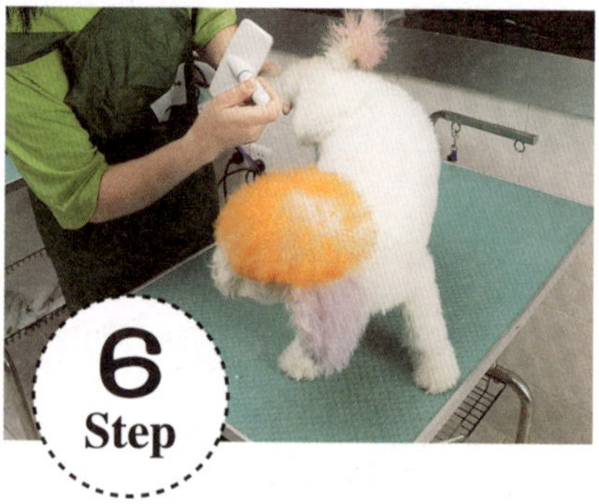

梳理后脚和尾部

帮狗狗仔细梳顺后脚和尾部的毛发，尾巴的毛比较不好梳理。

Tips

经常帮狗狗梳毛，狗狗的毛发才会光泽亮丽，一边梳理一边跟它说话，摸摸它，它就会变得更温顺，主人可不能偷懒大意哦。

修剪狗狗毛发的技巧

每年夏天是宠物狗狗剪毛的高峰期，很多主人都会带着狗狗去宠物店修剪毛。如果你能够在家中自行解决，就可以省下一笔不小的费用啦。

剪毛主要是针对长毛的狗狗，主要作用是为了使它的外观更加干净、整洁、漂亮。狗狗的毛发经过修剪后，柔顺又漂亮，赏心悦目。夏天及时清理宠物的脚底毛、腹毛，帮助散热；修剪长耳朵狗狗的耳毛，避免螨虫的滋生。

- 给狗狗剪毛的时候，切忌修剪得过短，因为适当的毛发可以阻隔紫外线。
- 注意不同犬种的不同修剪方法，使每个狗狗都有适合自己的标准夏妆。

◎给狗狗修剪毛发的手法

- 理短，即用电推剪将被毛推平剪短；
- 剪平，用剪刀将毛剪平；
- 敷毛，即用热毛巾包住犬的被毛，将弯曲的被毛弄直，多用来整理较长的被毛；
- 剪薄，用齿状理发剪将又厚又长的被毛剪薄；
- 割短，用齿状剃毛刀将被毛割短。

除此之外，还可以烫发、卷发，或将被毛弄成一定的形状。

◎帮狗狗剪毛的常用器具

剪毛梳

用于理顺狗狗的毛发。

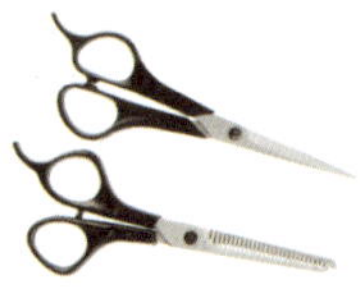

剪毛刀

一边带有锯齿状的剪毛刀可用于打薄毛层。

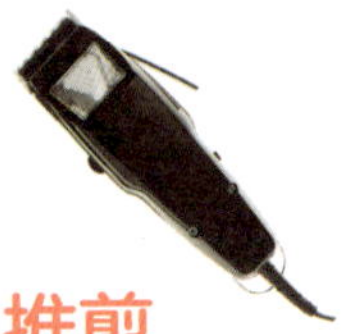

电推剪

能快速修剪狗狗的毛发。

◎掌握修剪狗狗毛发的技巧

帮狗狗修剪毛发时要小心，不要剪伤狗狗的皮肤。狗狗的皮肤往往弹力不大而松弛，当拉起被毛修剪时，一不小心就会将皮肤剪破，狗狗凭它受伤害的经验，日后就会逃避或厌恶修剪被毛。所以一定要将剪刀与皮肤呈平行状，逆毛方向修剪或由下往上剪，才不致剪伤它的皮肤。

◎帮狗狗剪毛的步骤

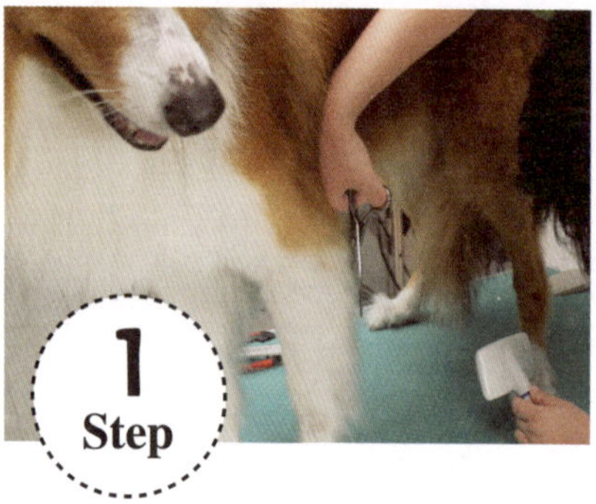

修剪前腿

首先修剪前腿部分的被毛，方便其活动，并增添灵活性。

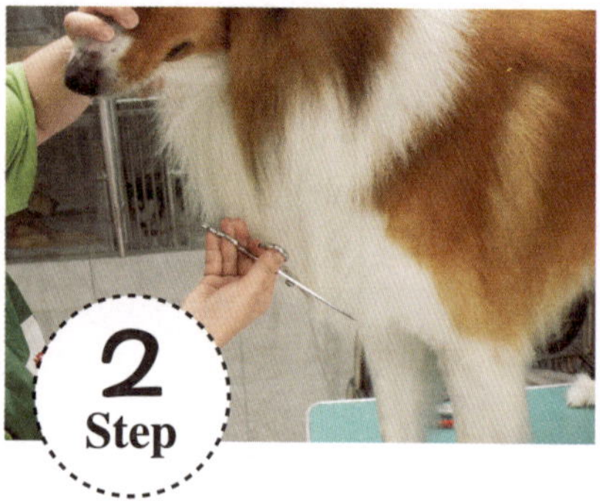

修剪前胸

将前胸的毛修剪成圆弧状，看起来美观又舒适。

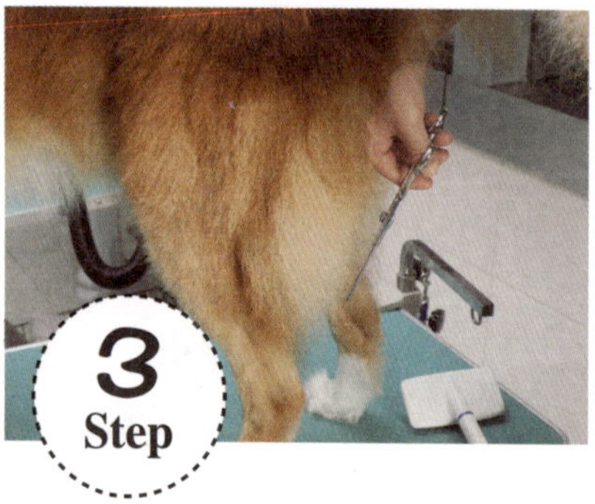

修剪后腿

大腿后侧上半部分的毛可以稍微留长一点儿。

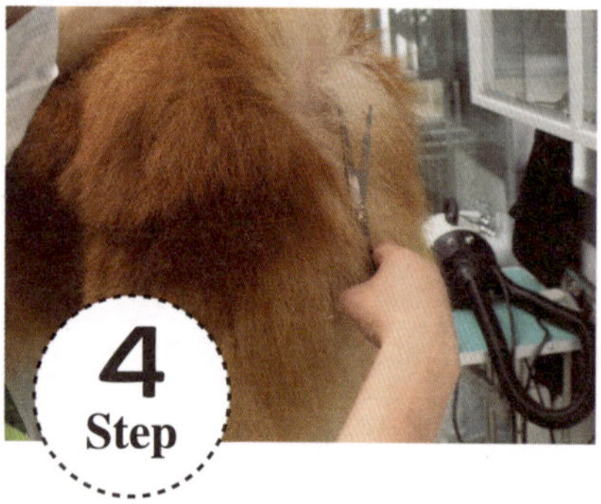

修剪肛门周围

肛门周围长有很多长毛，在大便时易造成污染，因此每隔 2 ~ 3 个月就应修剪一次。

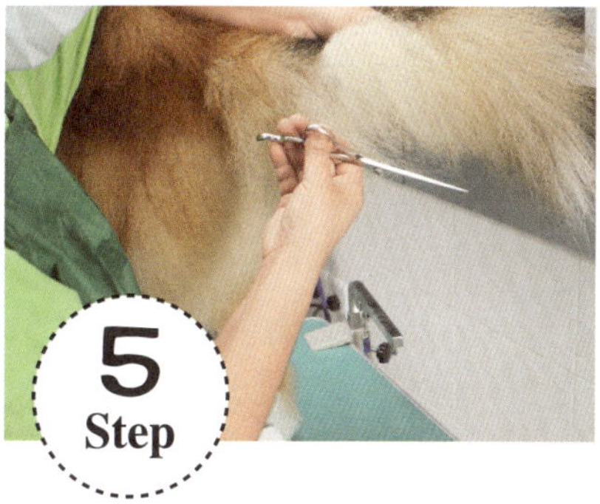

修剪尾巴

尾巴上的毛太长了，不仅影响美观，也不利于行动。

修剪外耳道

外耳道有较多的长毛，应定期修剪或拔除。拔毛时应分次拔除，一次拔除易引起感染。

◎修剪狗狗生殖器毛发的技巧

狗狗小便时，脏东西容易黏到生殖器附近的毛上，这样不仅容易产生异味，还容易造成生殖器附近发炎。主人给狗狗修剪生殖器毛发时要用较平实的剪刀或是电动剪刀。剪毛发前，主人要先用手将生殖器附近的毛发拨弄蓬松，这样更方便操作。修剪时应从腹部开始，由外往里(顺生殖器方向)，呈U字形修剪。注意力度要轻，以免刮伤狗狗的皮肤。剪刀头要伏贴地放在狗狗的生殖器附近，不要让刀头跟狗狗的身体平行。

◎修剪狗狗臀部毛发的技巧

修剪前先用宠物香波将沾有脏物的毛发洗净，并把因沾有脏物而发硬的毛结解开。修剪时先把尾巴撩起，并将狗的身体固定住，用小剪刀将肛门周围的毛剪掉，以肛门为中心，2~3厘米为半径剪成一个圆形。

肛门处的皮肤十分柔软，是较容易受伤的部位，绝对不要在没确认肛门位置前就随意剪，否则会对爱犬造成严重的伤害。

扮靓狗狗的美容窍门

狗狗也爱美、爱夸奖，主人帮它打扮能让它心情愉悦。对主人来说，给爱犬扮靓是一件很有成就感的事情，漂亮可爱的狗狗大家都想多看一眼。怎样扮靓狗狗，每个人都有自己的想法和审美标准。有时适当的装扮还能为它们遮掩体型缺失，增添美感。现在还有不少狗狗美容大赛，“选手们”都美得像花仙子一样，这都是美容师的功劳。那日常生活中主人们要怎样给狗狗做简单的装扮呢?

对于长毛犬来说，扎辫子不仅能够让它们看起来更特别，而且对于它们自身的清洁与健康也是有帮助的，比如面部被毛过长容易将眼睛遮住，这样视线会被遮挡甚至会感染眼部疾病。

不过扎辫子的时间不宜过长，每过一段时间可以将辫子解开，这样可以防止被毛被扎的时间过长而脱落。

大部分人认为狗狗十分调皮、好动，扎好的头发不一会就会乱了，于是扎辫子时会扎得很紧。然而狗狗的毛发和人的头发不一样，有时候狗狗的毛发是从眼角梳上去扎的，扯得太紧，容易将皮肤扯坏，导致皮肤松弛，最后换发型或不扎头发的时候，眼皮就会往下耷拉。

有些主人给狗狗装扮时会把狗狗的耳片用花俏的装饰品给扎住，狗狗也不叫不哼，橡皮筋扎得很紧，一扎就是一天，最后你就会发现把狗狗的耳片弄伤了。

◎帮狗狗大变身

编辫子可以留住长毛狗狗的特征，主人在给狗狗编辫子的时候，应事先将狗狗的毛发梳理顺。可以选择在狗狗的耳朵和嘴巴附近扎辫子。在耳朵附近扎辫子的时候，可以运用专门的锡箔纸，因为锡箔纸可以让辫子看起来更挺拔、更有精神。针对不同的性别，可以用不同的头绳或者橡皮筋给狗狗绑小辫。还应根据狗狗的品种决定是否给狗狗绑辫子，比如马尔济斯犬、约克夏犬、西施犬和长毛贵宾犬等犬种比较适合绑辫子。

狗狗的衣服种类繁多，应该要选择透气性佳的衣服，让狗狗可以穿得舒服、保暖又美观。扮靓狗狗除了给狗狗穿着漂亮的衣服之外，还可以配上漂亮的饰品，比如眼镜、发箍、项链、帽子等。

◎帮狗狗编辫子的步骤

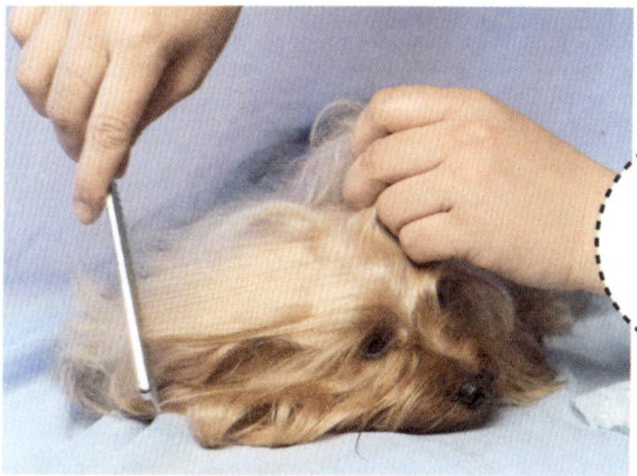

1 Step

毛发分成两半

把狗狗头部的长毛分成两半，用梳子仔细梳理，将狗狗的毛发梳顺。

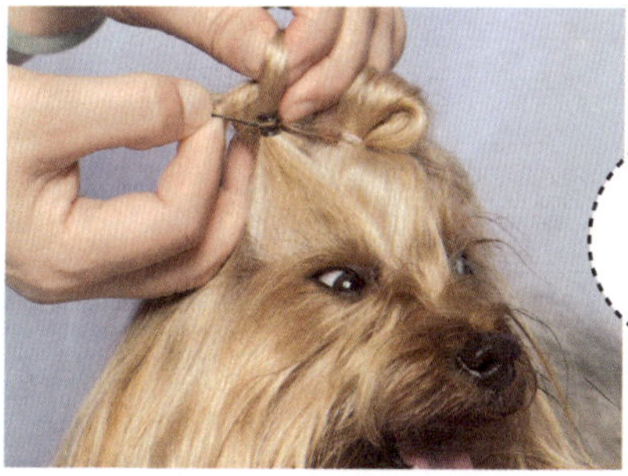

2 Step

扎上辫子

分别在两边为狗狗扎上辫子。为了使毛不打结，可以用专用锡箔纸包住后再绑橡皮筋。

3 Step

系上蝴蝶结

为狗狗系上漂亮的蝴蝶结。

Part

04

狗狗 喂养经

要想成为一名合格的主人，就要细心照顾狗狗的饮食起居，让它健康成长。在市面上你可以买到各式各样的狗粮，这些狗粮都可以提供给狗狗适当的营养。有些人完全依靠这些狗粮喂食狗狗，有些人则更愿意自己动手为狗狗烹制新鲜食物。不管是哪种方式，让狗狗拥有充足的营养就行。

狗狗的食物主要分为三大类

◎ 了解狗狗的食物分类

从目前喂养狗狗的经验上来讲，狗狗的食物主要分为三大类：动物性食物、植物性食物，以及饲料添加剂。给狗狗的食物，最好是用狗饲料配合添加营养素，使它每天都能均衡摄取各种身体所需的营养。

① 动物性食物

脂肪、蛋白质含量高，所含的氨基酸种类齐全。狗狗比较喜欢吃的动物性食物有猪肉、牛肉、鸡肉、鸭肉等。

② 植物性食物

富含纤维素、植物蛋白质和淀粉。适合狗狗食用的植物性食物很多，如青菜、瓜果、豆类等。

③ 饲料添加剂

可分为矿物添加剂、维生素氨基酸添加剂、抗生素驱虫保健剂等。食用后可利于生长发育、提高食物消化率和防治疾病。

◎ 选择合适的食物才能让狗狗吃出健康

现在市面上售卖的狗饲料种类非常多，但选择越多，主人就感到越为难，不知道怎样挑选。究竟自己的狗狗应该吃什么样的狗饲料呢？对于主人来说，挑选饲料要仔细慎重，安全、健康、美味是选择狗饲料的重要标准。

1 **认清狗饲料的成分：很多狗饲料有口味之分，比如“牛肉味”“鸡肉味”等。**

2 **肉类成分可鉴定：要区分狗饲料的“纯正度”。可做个小试验，将要区分的狗饲料分别放入微波炉中，加热约 2 分钟，然后闻闻加热后的狗饲料味道。如果味道比较香且肉味浓，主人就可以放心给狗狗吃；如果加热后散发出刺鼻的化学剂味道，就不要让狗狗食用。**

3 **保存提示：购买散装狗饲料时应当注重保存，每次购入量不要太多，最好是每次买入一周的量；一定要用密封性好的容器装狗饲料，这样可以避免狗饲料受潮、变质。**

狗狗每日摄取食物的营养成分揭秘

我们都熟知维持人类生命和健康的六大基本营养素，那狗狗在日常的饮食中是否也像人类一样需要某些营养成分呢？答案是肯定的。狗狗和其他的动物及人类一样，为了保持生命活动，在摄取的食物中，一定要含有水分、蛋白质、糖类、脂肪、矿物质和维生素等。这六种物质是所有生物存在的基础，当然也包括狗。

1 **【水分】**水分是狗狗生命活动最关键的物质。成年狗狗每千克体重每日应摄取 100 毫升左右的洁净清水；狗宝宝应摄取 150毫升左右的洁净清水。主人要让狗狗能够随时随地喝到清水。

2 **【蛋白质】**普通狗狗对蛋白质的需要量为每千克体重每天 6 克左右；生长发育中的狗狗对蛋白质需要量较高，每千克体重每天需要 9 克左右。

3 **【糖类】**狗宝宝需要的糖量为每千克体重每天 17 克左右；成年狗狗则为每千克体重每天 10 克左右。

4 **【脂肪】**成年狗狗的脂肪需要量为每千克体重每天 1 克左右；生长发育中的狗宝宝为 2 克左右。

5 **【矿物质】**狗狗体内必需的矿物质有钙、磷、铁、铜、钴、钾、钠、氯、碘、锌、镁、锰、硫、硒等。

6 **【维生素】**维生素是狗狗保持正常代谢所必需的营养元素，其需要量虽小，却起着调整生理机能的重要作用。

狗狗的日常粮食配制要点

吃太多会导致狗狗胃胀、消化不良以及肥胖，吃太少狗狗又会挨饿。给狗狗配制的分量问题对于新手主人来说确实具有挑战性。

日常粮食是指狗在24小时内食用各种食物的总和。由于每只狗对食物的需求量不同，对食物口味的要求不同，日常粮食可以由数种食物搭配而成。日常粮食不仅要考虑各种营养物质的含量，还要考虑比例是否恰当。通常狗粮包装袋后面会有一个狗粮建议喂养表，会提供一个宠物狗体重参考范围，主人可以细心阅读并参考。

新旧狗粮更换的时期，主人要调配好比例。因为，狗狗的消化时间比我们人类还短，所以如果一下子把食物全部换掉，狗狗的肠胃可能会来不及适应。最好有个过渡期，让狗狗适应。注意频繁地更换不同口味的狗粮会造成狗狗消化不良的问题，主人需谨慎小心。

另外，主人要避免给狗狗喂食过多的零食，否则狗狗就对主食提不起兴趣了，这样会导致狗狗营养不良。

配制日常粮食时还应注意以下问题：

1 **要结合狗狗的体型与运动量来喂食，给它补充能满足身体需要的营养。**

2 **给狗狗一个多样化的菜单，不要给狗狗太过单一的食物。**

3 **要考虑狗狗对食物的消化速度，考虑其吃进体内的食物是否能够完全被消化吸收与利用。**

年龄处在不同时期的狗狗，饮食要求不一样

◎ 发育期

小狗出生后的前 30 天主要以母乳为生。如果狗妈妈母乳不够则需要采用人工哺乳的方式来喂养，建议喂食宠物奶粉。喂奶时选用宠物奶瓶，动作要慢，否则奶水吸入气管会很危险。直到喂至其肚皮微微隆起，就可以了。一般来说，狗狗断奶后的食物决定了今后的饮食习惯。出生 2 个月后，小狗的乳牙基本长齐，应逐渐换喂幼犬狗粮。如果在这个时候过多地给狗狗喂食人类食物或者罐头，就会使它对于狗粮失去兴趣。如果你打算以后以狗粮为主喂养爱犬的话，最好不要喂给它人类的食物。目前市场上可供选择的狗粮很多，主人可自由选择，并按照包装上的说明来喂养狗狗。

◎ 成年期

成年犬是指小型犬 12 个月以后，中、大型犬 18~24 个月以上。一般成犬可依活动量大小而调整食物，成犬每千克体重每天必要的热量为 140 千卡。不过，小型成犬重量轻，胃的容积也很小，常常因为进食量稍微减少或一两顿不吃，就影响健康，减少营养吸收，身体的抵抗力就比较差。因此，可以适量添加适口性好的营养补充剂。

◎ 繁殖期

怀孕期及哺乳期母犬的营养状况会影响新生仔犬的存活率及生长情形。怀孕前期（5~6 周）的体重和营养需求没有什么很大的变化，然而，到了怀孕后期（分娩前 3~4 周），胎儿快速发育，母犬体重约增加 15%~25%，所以喂食量也应逐渐 15%~25%。哺乳期的母犬也应提供营养充足、品质好的食物以维持体重及制造足够的乳汁哺育幼犬。所以，适当的营养添加以及补充特殊的营养需求是必需的。

◎ 老年期

就营养学的观点来看，一般狗大约 7 岁，而大型犬约 5 岁就进入老犬期。进入老犬期的狗，身体对营养的利用率和器官的功能逐渐消退，所以对营养过剩或不足的耐受力比较差，再加上活动力降低，热量需求也减少了。因此，老年犬的食品应提供足量且可完全利用的蛋白质，减少磷、钠的摄取，可以帮助预防肾功能的疾病。

狗狗吃饭注意的要点

◎ 掌握喂食狗狗的四大诀窍

狗的肠胃跟人的相似，吃少了就会饿，吃太多了可能会出现呕吐或引起消化系统疾病。因此，喂食时，要掌握以下四个诀窍：

诀窍①

狗狗是反应很慢的动物，当它们的大脑接收到“吃饱了”这个信息时，所吃的东西通常比身体的正常所需超出许多。因此，日常喂食时让狗狗吃八分饱就可以了，不能让它吃得太多。

诀窍②

狗狗吃完饭后，要马上将食物碗洗干净，免得引来蚂蚁、蟑螂、蚊虫、苍蝇等。同时也要把狗狗没吃完的食物处理掉，最好不要给狗狗吃剩下的食物，特别是在食物容易变质的夏季。

诀窍③

有些主人认为狗狗吃饭后马上就会排泄，为了不让狗狗在家中排泄，在吃完饭后就急于带狗狗下楼或出门方便。而狗狗饭后乱跑乱跳容易引发胃扭转，对身体健康造成威胁。因此，刚吃完饭不要马上带狗狗出门做运动，先让它在家里休息半个小时，等食物消化得差不多了，再领它出门。当然在屋内打滚儿、奔跑等也应该禁止。

诀窍④

犬体的主要组成成分是水，占体重的60%~75%，机体内的生物化学反应、功能调节以及代谢都需要水的参与。在食物碗旁边放上一碗干净的清水，让狗狗随时都能找到水喝。饲料消化时，水可加强消化液的分泌和作为溶剂溶解食物，使大分子营养物质消化、分解为简单营养物质，并靠水运输到机体组织中吸收利用。

◎ 喂食狗狗要遵守“六定”

人类讲究合理安排一日三餐，才能维持机体的有序运转，身体才能健康。狗狗也是如此。一般情况下，稳定的喂食操作有利于狗狗的健康，远离疾病，延长寿命。

1 **【定时】**每天的喂食时间应该相对固定，不要时早时晚。定时给狗狗喂食能让它形成条件反射，促进消化液的定时分泌，提高狗狗对饲料的消化率。

2 **【定量】**每天的喂食分量要相对稳定，时多时少会造成狗狗饱一顿饥一顿。食物过量或不足不利于狗狗的生长发育，尤其是幼犬。狗狗食量可通过 3~4 天的喂食情况来判断，狗狗食完后仍会啃咬空盘、吠叫可能是食物不够，如果连续有剩则说明喂食量过多，将这几天的食量记录起来算个平均值即可。但幼犬的食量需要多加用心，正处于快速生长发育期，喂食量要逐渐增加，并结合具体的食用情况，每 3 周左右稍微调整一下。

3 **【定温】**狗狗的饲料及饮水温度一般掌握在 40℃，随季节的变化可适当调整，遵守“冬暖、夏凉、春秋温”的法则即可。

4 **【定质】**饲料要新鲜干净，霉变腐败的对狗狗无益。食材搭配也要相对稳定，短时间内大幅度变动易造成狗狗肠胃不适。

5 **【定地点】**狗狗要有固定的用餐地点、食具和饮水用具，这样能帮助狗狗养成良好的就餐礼仪。如果家中养了几只狗狗，应当给每只狗狗专属的食具和饮水用具，这样健康又避免争抢。

6 **【定次数】**结合狗狗的年龄与运动量来给狗狗喂食，次数也应该有所不同。一般情况下，断乳仔犬和生产后期的母犬每日喂 4~5 次，4~6 月龄的幼犬和和处于妊娠期或哺乳期的母犬每日喂 3~4 次，6 月龄至 1 岁犬喂 2~3 次，1 岁以上的喂 1~2 次。

◎ 狗狗的喂养宜忌

在喂养狗狗的时候，一定不要步入误区。比如忘记给狗狗喂食，这样狗狗在吃饭时就会非常饥饿，一定会吃得很快，并且还会养成暴饮暴食的坏习惯。也不要强迫狗狗将所有的食物吃完，当狗狗停止吃食物的时候，就说明它已经吃饱了，这个时候不要再勉强狗狗吃完所有的食物。

对于偏食、生病、劳累的狗狗，要及时补充维生素、矿物质、添加剂。注意掌握正确饲喂营养品的原则，要做到缺什么补什么。此外，幼犬和老龄犬是比较需要补充营养品的群体：幼犬适当补充营养品，可以为今后的强壮身体打好基础，增强免疫力；老龄犬体内钙质流失严重，内脏机能退化，需要添加营养品以辅助消化、补充钙质和延长寿命。

◎ 常用的狗狗饲料加工方法

谷类、鱼类等都是狗狗的营养食材，为了改善饲料的适口性，保存和提高饲料的营养价值，主人在给狗狗喂食前应做一定的加工处理。狗狗饲料的加工处理方法很多，常用的有粉碎和蒸煮。

粉碎加工又称磨碎加工。禾谷类、豆子类或饼干等质地较坚硬的食材可采取粉碎的方式进行加工，否则直接给狗狗喂食会难以消化，加重肠胃的负担。磨碎时要注意把握好量，磨碎后也要在阴凉、通风、干燥的地方存放好。因为磨碎的饲料在温暖潮湿的环境中容易发霉、变质，一次加工过多又存放不当的话会造成浪费，若狗狗意外食用霉坏的食物还会造成食物中毒。

蒸煮可以软化粗纤维，促进淀粉降解，提高饲料的消化率和适口性。如鱼类中的寄生虫被杀死；豆类饲料所含的抗胰蛋白酶、血细胞凝集素和皂碱等有害的生物毒素被破坏等。此外，蒸煮加工时要注意时间和搭配，应尽量减少对饲料本身的有益酶和维生素等营养成分的破坏。

成品狗饲料需加热后再给狗狗吃吗？

市面上销售的成品狗饲料大致可分为罐头和干粮两类。

对于罐头，新开罐则无须加热，因为在封罐前，罐头已经过严格灭菌处理。罐头一般在开罐后一次吃完。如果有剩余就放入冰箱，密封保存，再取出食用时，应加热至 50℃，再给狗狗吃就行了。

干粮则完全不需要加热，因为干粮在加热之前，通常需要先加水，如此一来，会破坏其原有的营养。狗干粮都是经干燥处理过的，而且精心调制好松脆度，这样不仅有利于狗狗的消化，还能锻炼它们的牙齿，因此，狗狗在食用时无须再加热。

狗狗要健康就应该吃狗饲料

生活中会发现不少家庭会给家中的狗狗直接喂食自己餐桌上剩饭剩菜。其实人类食用的饭菜中含有大量的盐，以及其他调味料，若给狗狗吃，会对狗狗的健康不利。

如果你觉得专门给狗狗烹制食物可能要花费一定的时间与心思，那狗饲料就是你的绝佳选择，它可让你节省时间又能让狗狗吃得健康。

狗饲料是运用科学配方生产的专门给宠物食用的食物，包含狗狗日常需要的维生素、矿物质、蛋白质、脂肪等营养素。此外，狗饲料的硬度是按照狗狗牙齿的硬度特别设计的，除了可以锻炼它们的牙齿，还有清洁口腔和预防牙结石的作用。

喂给狗狗的食物必须满足它健康成长所需的一切营养，这样才能满足狗狗日常所需的能量。主人最好在狗狗 10 个月大之前，一直给狗狗喂狗粮。因为狗狗那个时候还处在成长期，营养均衡很重要，同时也能让狗狗养成吃狗粮的习惯。

让狗狗远离对它有危险性的食物

◎ 巧克力是狗的天敌

在大部分人的印象中，人与狗狗有着相似的饮食偏好，但在巧克力这件事情上，却是截然相反的。人们食用巧克力是能轻易消化掉的，但对狗狗来说却是致命的。

巧克力由可可豆加工而成，含有多种甲基黄嘌呤的衍生物，咖啡因和可可碱就属于这类物质。这些物质会与细胞表面的某些受体结合，从而阻止动物体内的天然物质与受体结合。而且这些物质不同的刺激成分会影响中枢神经系统和心肌，还会大量增加小便频率。服用小剂量的甲基黄嘌呤类物质，小狗就会呕吐、腹泻，而人类却会有一种欣快感。而巧克力含有大量的可可碱和少量的咖啡因，如果狗狗食用过多的巧克力，就会发生肌肉痉挛，甚至休克。

如果只是吃了微量的巧克力，小狗还能抵抗，若进食过多则会导致心律不齐、痉挛，甚至是因心血管功能丧失而导致死亡等情况。也可能由于抵抗力的原因，大型犬吃一点巧克力不会发生什么大问题，而小型犬的主人就应该特别注意了。研究显示，巧克力中毒与巧克力的种类、大小以及狗狗的体重都有直接关系，巧克力愈纯，狗狗体重愈轻，中毒的可能性就愈大，其中最危险的是高纯度的巧克力。一只体重 1 千克的狗狗，如果吃下 9 克纯巧克力，就可能导致死亡。

主人在狗狗的饮食上要十分小心，谨记巧克力是要避开的，而且也要提醒身边的亲戚朋友或家中与狗狗玩耍的人，不能给狗狗喂食巧克力，否则就会夺走它们的生命。

◎ 狗狗为什么不能喝可乐？

可乐以及很多饮料中都含有咖啡因，咖啡因虽然对人体无害，但是由于狗狗和人类的新陈代谢系统不同，咖啡因和茶碱等物质都能伤害到狗狗。同时，可乐中含有的碳酸对狗狗的身体健康也很不利。

少量的咖啡因就有可能导致狗狗中毒。

摄入太多含咖啡因的饮料，狗狗会出现过度喘息、极度兴奋、心跳加速、震颤、抽搐等症状。严重时，可能影响到狗狗的中枢神经，甚至会导致狗狗因心脏衰竭而死亡。

因此，主人自己在享用美食或滋味饮品的时候，不要以为与狗狗一同分享是一件理所应当的事情，要时刻记住狗狗的体质与我们的并不一样，有些食物狗狗是不能碰的。

◎ 狗狗再怎么装可怜也不能给它吃冰淇淋

炎热的夏天，冰淇淋是我们消暑的佳品，舔着冰凉的冰淇淋，我们都会由内而外感到凉爽。若是怕热的狗狗此时端坐在你的身边，你注意观察，它们一定是伸着热乎乎的大舌头，睁着水汪汪的大眼睛，盯着你手里的冰淇淋，一副可怜巴巴的样子。但是，不管眼神多么令人怜悯，你也一定要忍住。

甜甜的冰淇淋其实并不适合狗狗的肠胃。因为冰淇淋中所含的糖分和牛奶是狗狗们无法消化的，一点点的量年轻的狗狗或许能够承受，但那些肠胃稍弱或年老的狗狗，吃过冰淇淋后就有可能出现严重的腹泻、呕吐以及皮肤过敏等症状，这对它们是百害而无一利的。

实际上，糖分或牛奶含量过高的食物都不应该给狗狗食用。有些狗狗爱喝酸奶，这点主人则不用担心，酸奶还是可以在狗狗采取“装可怜”的攻势下让它尝尝鲜的。但是主人要注意，不要选购含太多添加物或调味剂的酸奶，最好选择原味、低糖的酸奶给狗狗喝。喂食时还是要注意好量，这样才能借助酸奶帮助狗狗平衡体内菌群平衡，提高对食物的营养吸收能力。

◎ 甜食也是狗狗的最爱，但要少给狗狗吃

人吃多了甜品会变胖，狗狗也不例外，爱吃甜食大概是狗狗和人的通病。蛋糕、甜点、饼干等甜食都极容易导致狗狗肥胖，因为甜食中的糖、脂肪比例较高，即使吃得不多，也能使狗狗摄入的能量与其他营养成分比例失调。另外，狗狗的身体里缺乏胰岛素，对甜食不能吸收，糖分无法得到合理地分解，最终导致狗狗摄入的能量偏高，又不能被消耗而转化成脂肪沉积在体内，如此一来，狗狗的体重容易在不知不觉中增加，就会造成肥胖症。柔软黏性大的甜食对狗狗牙齿也是有害的，因为甜食碎屑是细菌的良好繁衍基地，易促使细菌生长，从而导致狗狗的牙菌斑、蛀牙等牙齿疾病。

狗狗食用甜食，弊大于利。长时间品尝一次，让它开心一下是可以的，但为了狗狗的健康，请不要给狗狗吃过多的甜食。

有一些主人喜欢将甜食作为零食，在室内生活的狗狗，整天和家人一起生活，主人在空闲时，很容易喂它吃蛋糕、甜点、饼干。如果狗狗吃得太多，到了正餐时间就不再想吃饭了，这样导致狗狗偏食，营养就没有办法得到保障了。

还需注意的是，主人在喂食前一定要明确甜食中所包含的原料都有哪些，蛋糕等甜食中总是能轻易找到危害狗狗机体健康的用料，因此，喂食切忌粗心大意。

会对狗狗的生命造成威胁的植物

赏花的季节，我们总想着一家老小带上狗狗一起外出，拍一些照片，记录美好的时光。可是作为一名称职的主人，你应当细心了解狗狗什么东西可以触碰，什么东西应当远离。就拿我们日常的植物来说，这里面也有很大的学问。

杜鹃花全株都具有毒性，其中花和叶的毒性较强，请千万别让狗狗接近。百合花与夜来香都有毒，甚至有致命的可能。夹竹桃花、水仙、郁金香、万年青、海芋、圣诞红、鸢尾和风信子都能导致狗狗中毒，会引起呕吐和腹泻等症状。花园里的蕨类植物毒性更高，其中包括芦笋蕨类、花边蕨类和翠绿蕨类植物等。

植物有美化的作用，有人喜欢在室内放上一些小植物。在这里要特别提醒狗狗的主人们，在室内放置小植物时，请先查询该植物对狗狗的生命安全是否存在威胁。

威胁人类的植物可能不多，但主人一定要为狗狗多留一个心眼。在花园里种任何植物都应了解是否有毒，一些农田里的植物是不是喷了农药，狗狗爱滚的草地有没有受污染等。

上述列出的只是一小部分常见的会导致狗中毒甚至死亡的植物。熟悉这些植物对确保狗狗健康很重要。

狗狗为什么喜欢吃便便

很多狗狗都会吃自己的便便或别的狗狗的便便，主人看到这种情况不用太紧张，这都是狗狗会有的正常行为，原因如下：

① 模仿行为

主人经常为狗狗清理便便，慢慢地狗狗也会把自己排出的便便清理掉，吃掉是比较简单的方式。

② 消灭证据

狗狗会因随地大小便受到主人惩罚，为了避免受惩罚，狗狗只有自己主动把罪证“消灭”掉。

③ 天性吸引

狗狗吃便便是一种天性，便便里有一些特殊的味道是狗狗所喜爱的。

④ 引发关爱

狗狗吃便便虽然会被主人责骂，但对它们而言，此举却会吸引主人的关注。

⑤ 服从行为

低等狗狗有时吃高等级狗狗的便便，以表臣服。

⑥ 喂食习惯

有些狗狗饥饿时会用便便充饥，因此养成了吃便便的习惯。

◎ 如何解决狗狗吃便便的问题

1 等狗狗便便完就立刻清理干净，防止它把便便吃掉。

2 更换狗粮或许能让狗狗改变吃便便的习惯，因为狗粮会让便便的味道变得不一样。

3 狗狗吃便便并不是什么异常的行为，只是吃便便并不卫生，可能会感染到寄生虫而已，因此，主人无须大惊小怪，这样反而会引起狗狗的注意，让它觉得这是一件能引起你注意的事情，更会因此觉得好玩而变本加厉。

狗宝宝的饮食要点

家里来了新成员，没错，就是狗宝宝。此时的你怎样才能让它们吃得更高兴、更舒服呢？主人必须遵循以下小规则：

1 在狗宝宝刚出生一周时，要根据体型大小，每天喂适量维生素 C 片，或通过其他食物来补充维生素 C，这样可以提高狗宝宝的抵抗能力。

2 狗宝宝正处于身体的快速发育期，对各种能量的需求比较大，需要摄取的营养比成年狗狗和老年狗狗要多。因此，给狗宝宝食物时，要让它能够吸收到各种成长所必需的营养成分。

3 现在有很多已经配制好专门给狗宝宝吃的食物，在宠物医院就能买到。

帮助狗宝宝断奶有妙招

研究表明，仔犬在 45 日龄前后断乳是较为合理的。给仔犬断乳的方法有很多种，主人可根据自家狗狗的具体情况选择不同的断乳方法：

1 到期断乳：到断奶日期，强行将狗宝宝和狗妈妈分开，减轻狗宝宝对妈妈的依赖。

2 分批断乳：根据狗宝宝的发育情况分批断奶，发育好的可先断奶，体格弱小的后断奶，适当延长哺乳时间，促进其生长发育。

3 逐渐断乳：在断奶前几天将狗宝宝和妈妈分开，以逐渐减少哺乳次数，隔一段时间后，再将它们放在一起，让狗宝宝吃奶，吃完再分开，以后逐日减少吃奶次数，直至完全断奶。

要注意老年狗狗的饮食习惯

狗狗老化的速度比人类快得多，一般而言，小型狗 7 岁、大型狗 5 岁就已经步入了老龄期。

狗狗年纪大了，抵抗力会逐渐下降，身体机能会慢慢变差，同时消化系统逐渐衰退。鉴于狗狗这些方面的变化，主人应该给狗狗提供易于咀嚼、易消化吸收的食物。同时，由于狗狗体内代谢功能下降，在饮食方面应选择蛋白质含量高的狗饲料。要让狗狗多摄取蛋白质、维生素和钙质。

老龄狗狗需要少量多餐，并应给狗狗提供足够的饮用水，也要注意控制食物中的盐分。为了防止便秘，应多给老年狗狗提供蔬菜、水果。

自制爱心狗狗餐

在亲手制作爱心狗狗餐之前，一定要弄清楚狗狗可以吃和不可以吃的食材，才能避免让狗狗吃到不能吃的食材，造成狗狗身体的损害，得不偿失。

自制新鲜的狗狗餐需要花费主人一定的时间与心思，但好处在于能够配合狗狗的身体状况及时调整饮食。另外，自制的鲜食能够避免以干狗粮为主食而导致狗狗水分摄入不足的问题。

制作鲜食时，要避免营养单一的喂食方式，比如只有肉类或者只有白米饭。注意均衡地准备谷物类（碳水化合物）、肉类、蔬菜类这三大类基本食材，建议以同等比例给狗狗准备，最好能在一餐中均匀给予各类食材。如果你认为这样有一定的难度，在一整天内能够给狗狗均衡摄取也是可以的。但也无须为每种食材精确到多少克纠结，只要给狗狗提供全面的营养即可。此外，狗狗的餐点除了保证营养均衡之外，还要尽量避免过重的调味喔！自制鲜食的喂食分量，可以参考之前喂食狗粮时的分量，大致相等就可以了。

也有主人会疑惑，如果狗狗原本的主食是狗粮，现在换成鲜食会不会出现肠胃问题。研究表明，狗狗从食用狗粮转换为鲜食，可能会因为一时不习惯而出现下痢的症状，但很快就会恢复过来，主人无须担心。又或者尝试用一个月的时间来调整，慢慢增加狗粮中鲜食的比例，还可以用蔬菜代替平常给狗狗喂食的零食。慢慢地转换能减轻对狗狗肠胃的刺激，帮助达到转换自制鲜食的目的。

◎ 健康食材

给狗狗自制鲜食要注重食材的选择，常用的主要是三大类基本食材。下面会介绍适合狗狗吃的常见食材。其实，不管是什么样的食材，除了要注意狗狗营养的摄取均衡之外，更要注意食材的新鲜度，让狗狗吃得安心又健康。

胡萝卜

胡萝卜可预防血管疾病、肥胖等因生活习惯引起的病症，还能保护狗狗的视力。

包菜

包菜可强化胃肠，富含钙质、酵素、维生素、食物纤维等。

西蓝花

西蓝花能有效抗癌，但吃太多会导致甲状腺肿大，建议搭配海藻一起喂食，以补充矿物质。

南瓜

南瓜富有纤维和β-胡萝卜素，可以增强狗狗的消化能力。

土豆

土豆包括了维生素 B_6、维生素C、β-胡萝卜素和锰等多元营养素。

香菇

干香菇比鲜香菇的营养价值高，含有可让骨骼强壮的维生素D及预防贫血的维生素 B_{12}。

鸡蛋

鸡蛋的高蛋白质与核黄素能够有效解决狗狗消化不良的问题，但要煮熟，否则狗狗不易吸收。

三文鱼

三文鱼可强化免疫系统，并有效地维持皮肤的健康。可以直接喂食三文鱼肉或是三文鱼油，但喂食三文鱼肉必须要煮熟才可以。

Tips

1. 如果要用油烹调时，最好使用橄榄油等植物油。
2. 不要让狗狗吃太多白饭，若能使用糙米代替，效果更佳。
3. 为了增添自制鲜食的风味，可适当增加柴鱼片、小鱼干等。
4. 既营养又制作简易的鲜食非“杂菜粥”莫属，以均衡的比例将三大类食材一起烹调即可。

爽口香菇粥

原料

·白米饭…40克·鲜香菇…10克·金针菇…10克·秀珍菇…10克·胡萝卜…10克·水…适量

做法

1. 将鲜香菇洗净，切去蒂头，再切成丁状。
2. 将金针菇和秀珍菇洗净，切去根部，再切成小段。
3. 将胡萝卜洗净，去皮，再切成丁状。
4. 锅中放入白米饭和水，大火煮开后加入所有食材，煮至熟即可。

香菇是很好的抗病食材，富含维生素D以及钙、铁与锌等矿物质，能增强骨骼；还富含维生素C可杀灭口中有害菌，能保护牙齿。红萝卜可提高免疫力、改善眼睛疲劳与贫血症状；富含的植物纤维能增强肠道蠕动。

开胃稀饭

原料

·白米饭…50克·茄子…20克·西红柿…1/2颗·马铃薯泥…10克·猪肉…5克·水…适量·食用油…适量

做法

1. 将茄子和猪肉洗净，切成碎末。
2. 将西红柿洗净，去皮，再切成丁状。
3. 将马铃薯放入电饭锅中蒸熟后，去皮，再磨成泥。
4. 锅中放少许油烧热，加入所有食材炒香，再加入白米饭和水煮开即可。

茄子含有蛋白质、脂肪、碳水化合物、维生素以及钙、磷等其他微量元素，能够保护心血管、抗衰老、防治胃癌。西红柿中的维生素C可生津止渴、健胃消食，食用前要用水清洗掉残留在表皮的农药。

可口肉泥萝卜饼

原料

•猪肉…20 克•胡萝卜…10 克•白萝卜…10 克•水梨…10 克•面粉…50 克•食用油 …适量

做法

1. 将猪肉洗净，剁成泥状。
2. 将胡萝卜、白萝卜洗净，去皮，再切碎末状。
3. 将水梨洗净，去皮和核，磨成泥状。
4. 将所有处理好的食材倒入大碗中混合均匀，再加入面粉和水搅拌均匀。
5. 锅中放少许油烧热，用汤匙舀入面糊，整成小圆饼状，煎熟即可。

猪肉富含蛋白质，是狗狗非常喜爱的肉类。水梨水分丰富，虽然甜度较高，但热量与脂肪含量都低，对于容易厌食、消化不良的狗狗有辅助治疗的效果，还能促进血液循环。

美味蔬菜饭

原料

•白米饭…50 克•白萝卜…20 克•红萝卜…10 克•昆布…5 克•甜椒…5 克•昆布高汤…3 大匙•食用油…适量

做法

1. 将胡萝卜、白萝卜洗净去皮，切成小丁。
2. 将昆布洗净，用水泡开后，放入滚水中熬煮成高汤，再取出昆布，切成碎末。
3. 将甜椒洗净，去籽，再切成小丁。
4. 锅中放入少许油烧热，再加入所有处理好的食材炒至熟软，最后加入白米饭和高汤煮开即可。

甜椒富含维生素 C，可促进新陈代谢，改善狗狗的体质，且甜椒属碱性食品，与肉类等酸性食品搭配食用，营养均衡。用昆布所熬煮的高汤，味道清淡，容易入口。

Part

05

狗狗
特训开始喽

从进入家门开始，狗狗就成为家庭中的一员。主人要像对子女实行教育一样，对狗狗进行正确的调教，让狗狗拥有像绅士一样文明的行为。训练中，要运用正确方法，从最基础的开始，比如坐下、伸手等，等狗狗熟练后，再进行难度较高的训练。训练狗狗的过程中一定要有耐心。

训练狗狗要注意的十大重点

训练狗狗不是马上就能看到成效的，要持之以恒。认真学习训练狗狗时的注意要点，能让你事半功倍，取得显著的效果。

1 每天都要对狗狗进行训练，训练的时间可以不长，每天可多次进行。

2 当狗狗表现很出色时，可以给狗狗一些零食作为奖赏。当狗狗能够听懂人类的一些语言时，主人可以口头上赞扬狗狗的表现。

3 每只狗狗在年龄上、品种上、性格上、适应能力上都存在差异。因此，主人在训练前要明确好训练的目标，在科目选择、训练进度上要因犬制宜。如果家中狗狗的数量较多，在训练上更要多花心思。

4 训练是循序渐进的，切忌操之过急。整个训练的过程中做到分阶段、分步骤，由简单到复杂，以此不断提高狗狗的能力。

5 在训练狗狗的时候，可以寓教于乐，让整个过程非常轻松、有趣。

6 在训练口令和手势时，口令和动作一定要符合，手势要清晰、明显。

7 培养狗狗固定的吃饭和上厕所时间，这一点非常关键。

8 开始训练时，为了避免让狗狗分心，可以在家里练习。适应训练之后，再带到户外练习。

9 训练时，对同一个口令或手势必须重复不停地练习，以加深狗狗的印象和记忆。当然，主人在整个过程中要有耐心。

10 训练时，可以搭配一些小道具辅助，例如棒子或板子，在指引方向和禁止行为时使用。

训练狗狗的理想时间

狗狗拥有良好的行为举止才能与人类更好地生活，和谐共处。主人应该树立正确的教育观念，在狗狗踏入家门的第一天起，就要慢慢接受正确的行为教育，避免在日后的生活中制造麻烦。但是狗狗的接受能力有限，不要想着一下子就让它掌握所有的技能。要配合狗狗的成长阶段和学习效率，一步一步来。

训练狗狗最佳的时间，是由狗狗的年龄决定的。最佳的训练时间，是在狗狗出生 70 天后。狗狗年龄过小，体能和脑部发育都没有达到最佳训练时机；狗狗年龄过大，即将进入青春期，统治欲和占有欲都将表现出来，训练时注意力不易集中。一天之中，训练的最佳时间是狗狗感到饥饿的时候。这时狗狗会表现得更加机警，对食物奖品的反应也更加强烈。要注意，狗狗注意力集中的时间比人短，因此要将训练狗狗的时间控制好，每次不超过 15 分钟，每天 2 次。每天给狗狗喂食 2 次，这样就可以创造出 2 次训练狗狗的好时间。

此外，狗狗像人一样，会因高矮胖瘦、品种、习惯、年龄、性格的不同，在接受能力和接受速度上存在差异。所以，主人要依具体情况分析，设定适合自家狗狗的教学计划。

\ 狗狗教学时间表 /

年龄	教育内容
2~3 个月大	（进家门后） 如厕训练、进食训练、睡觉训练 （有一定的训练基础后） 友好地与家人朋友接触；习惯日常的清洁工作，如洗澡、刷牙等
4 个月大	（完成疫苗注射后） 可以独自在家，出门散步可随行
6 个月大	（开始有撒娇、愤怒的情感表达） 日常行为特训，如趴下、握手、捡玩具等

让狗狗适应自己的名字

◎为什么狗狗需要一个名字？

人与人之间在沟通交流的时候，第一步就是获取对方的名字信息。首先这是一种尊重，其次也是在人群中将某个人快速区分开来的重要方法。在人群中打招呼，你想让你的朋友第一时间知道有人在找他，大声呼喊他的名字确实是一个很不错的办法。和人一样，狗狗也应该有自己的名字，这样在日后的沟通和训练中，才能让狗狗知道，你是在叫它。刚出生的狗宝宝或者来到一个新环境的狗狗，如果没有自己的名字，会很难适应新环境，也无法熟悉新主人。快给狗狗取个好名字吧，这样能拉近你们之间的距离。注意简单上口的名字能让狗狗更快记住。

◎如何让狗狗适应自己的名字？

想要和狗狗有良好的互动，首先要让它认识它自己。一开始你呼叫它“豆豆、毛毛……”它可能毫无反应，因为没有经过训练，它还不知道原来“豆豆、毛毛……”叫的就是它，更不知道“豆豆、毛毛……”是它的名字。用游戏的方法能帮助你让狗狗认识它自己。

一开始你可以发出一些简单的口哨声去吸引狗狗的注意，当狗狗有反应的时候（回头、走向你等），你要及时奖励它适量可口的零食，并用语言夸奖它：“做得好，好孩子！”重复练习 2~3 次后，狗狗就会将注意力集中在你身上，此时你继续练习并将它的名字代替原来的口哨声，声音可以稍微大一点点。像上面一样重复练习几次，记住每一次都要夸赞它或奖励食物，这样狗狗就会认为自己的名字（你发出的声音）代表有好事情。友好的互动会给它留下好印象，并慢慢喜欢上自己的名字且记住。到后来，主人叫唤时就会条件反射停下来，并听主人说话（口令）。

需要注意的是，狗狗可能在练习了好几次后还是不能反应过来你是在叫它，这时你不要着急，更不要责骂它，否则狗狗就变得不喜欢你呼叫它，产生厌学情绪。

教狗狗结识新朋友

◎妥善处理新到狗狗与家中已有狗狗的关系

狗狗与狗狗之间、狗狗与人之间的相处，涉及狗狗的社会化教育，主人要认真重视这个问题。

当家中饲养的狗狗数量增加时，主人要明确狗狗的顺位，喂食时要先喂给家中的已有狗狗，再喂给新到的狗狗，狗狗们看到后会意识到这种顺位，并且也会遵循这种优先等级。这样一来就能有效防止狗狗间争宠、争夺主权的情况发生。

◎让狗狗们友好相处

狗狗虽然是群居动物，但想把一只新来的狗狗引入家庭，和家中已有的狗狗融洽相处，是一门非常重要的学问，只有它们能够和睦相处，家里才不会出现“狗咬狗”的尴尬局面。把新成员介绍给其他老成员后，不要把注意力全部放在新成员身上，要不然家中已有的狗狗会起嫉妒心，表现出不满，有的狗狗还会变得暴躁，甚至具有攻击性。公平地对待每一位成员，让新狗狗在家中四处活动，留下身体的气味，慢慢地，当之前的狗狗习惯这种新的气味后，也就会接受新成员了。新成员刚到家中的时候，可以将两只狗狗分开喂食，等到它们相互熟悉之后，再一起喂食。

将新来的成员带到家里时，老成员会因觉得被“冷落”而产生负面情绪。为了缓和已有狗狗的情绪，让它们爱上新成员，可用较迂回的方法让它们相亲相爱。在陌生的场所让新老成员相互认识，然后再把它们一起带回家，这是使它们和平共处的好方法，可以将争斗的可能性降至最低。

另外，主人也可以使用牵引绳控制有攻击性狗狗的行动，让它不会伤害其他成员。等时间久了，它就会明白这样的行为会让自己变得不自由、不受欢迎，自然会有所改善。

猫咪和狗狗的个性与情绪表达

狗和猫似乎天生就是一对天敌，它们在个性上、情感表达方式上都有较大的差别。我们有时会看到有些家中同时养了猫和狗的主人，会对两只互相追咬的宠物感到很头痛。

猫咪和狗狗的个性与情绪表达究竟有多大的差异：

1 狗狗是群居动物，性格外向又爱凑热闹，比较憨厚、忠诚，懂得服从主人命令；猫是独居动物，生性孤僻清高且较滑头，它不愿意做的事谁也无法强迫。

2 猫咪心情快乐的时候会发出“呼噜呼噜”声，表示的是“对你有好感”；狗狗则会理解为“走开，否则我咬你”。

3 狗狗对猫咪摇尾巴，表示“我想和你一起玩”；猫咪却将此意理解为“离我远点，否则我要发动攻击了”。

4 狗狗伸出爪子表示友好，但在猫咪的眼中，却是在向其挑衅。

让猫咪和狗狗和平相处的方法

一般来说，成年的猫狗警戒心都比较强，相反，幼猫、幼狗都比较单纯，容易相处。因此，让猫狗和平相处最简单的方法是一同养育幼猫和幼狗。其次，一只温顺的成年狗狗与一只年幼的猫咪也是不错的选择，会给你减少麻烦。

介绍陌生的猫咪和狗狗认识时，最好先用链子把狗拴住，把它控制好，让它与猫咪保持一定的距离，等它们熟悉了互相之间的气味后才将狗放开。如果猫咪乐意，让它闻闻狗狗的气味，但不要让狗狗的力量压倒猫咪，也不要强迫猫咪接近狗狗。每当狗狗过于接近猫咪时，立刻拉紧狗链。如果它懂得保持距离，就及时给予奖励。时间一长，狗狗就会明白，和猫保持距离是必须遵守的家规之一。

有效控制狗狗攻击猫咪的行为

如果想同时拥有猫咪和狗狗，就要让它们成为好伙伴，要根据它们各自的特性、性格和年龄，做适当的引导。猫咪是比较灵敏、纤细的小动物，敏感胆小，生性独立自主，不像狗狗喜欢群居，自尊心也强，爱吃醋。狗狗的地盘意识非常强，通常不喜欢有新的动物入侵自己的领地，不论是自己的同类还是猫咪，狗狗都会排斥，它们担心这里不再是自己独有的地盘，并且会使自己在主人面前“失宠”。因此，在猫咪跟狗狗相处得不是很愉快时，主人可以将狗狗和猫咪隔离，免得狗狗攻击猫咪。如果狗狗真的不喜欢跟猫咪共处，而主人又舍不得将任何一只送走，那就只能给猫咪找个退路，当狗狗把猫咪追得无路可去的时候，让猫咪有个栖身之处，比如主人要准备一个只有猫咪能钻进去的笼子或者小通道。这样，猫咪在疲于应付狗狗的时候，总能找个地方歇息。

一般情况下，适当的训练狗狗和猫咪还是可以成为好朋友的，我们在生活中不也能经常看到吗？在狗狗与猫咪的相处中，主人要公平地对待两只宠物，不能偏爱其中一只，这样只会造成更多的麻烦。

为孩子找个温顺的伴侣

狗是很受欢迎的家庭宠物，有些品种的狗很适合家中有小孩的环境，比如拉布拉多犬、金毛寻回犬、德国牧羊犬、圣伯纳犬等，它们虽然体型庞大，但情绪稳定，能与孩子友好相处。要知道，家中养一只狗狗能给孩子的童年留下很多美好的回忆，也能帮助他培养爱心，关爱动物。在这个过程中，家长就要多用心了。宝宝出生前就已经养了狗狗的情况就比宝宝出生后才养狗狗的要复杂，因为狗狗的地盘意识较强，刚出生的宝宝让它觉得自己在家中的地位受到威胁，它与宝宝是一种竞争的关系。

较为可行的方法是，宝宝出生之前，要训练爱犬只能在得到自己的允许时才可一起进入婴儿房。在把宝宝由医院带回家时，首先将宝宝的用品给爱犬闻一下，使它认识和习惯这种气味。如果爱犬表现得很安静，就给它一些奖励；如果它比较兴奋激动，最好先用链子拴好。

一般情况下，狗不会嫉妒刚出生的宝宝，只要主人对它的态度不变。当它想独占主人的情感而嫉妒家中的小孩时，它就有可能攻击孩子。当小孩和狗狗都在面前时，你要表示对爱犬的关注和爱抚，并喂给可口的食物，它渐渐会明白小孩的出现同样可使它得到主人的关爱。这样也让小孩学着抚摸关爱狗狗，让它觉得获得了多一份爱。爱犬和孩子一起玩时，大人应在场监督，防止意外的发生。

让狗狗在固定的地方“如厕”

当主人发现狗狗一边闻着地面一边绕圈圈、在房间内到处转来转去时就要提高警惕了，因为这就是狗狗准备上厕所的征兆。

训练狗狗上厕所的最佳时机是狗狗起床和吃完饭后，此时应及时将狗狗带到它如厕的地方，并且要等到它排便后才放出来。

当狗狗在不正确的地方准备尿尿或便便时，主人可以借助呼唤它名字的方式，转移它的注意力，再将狗狗带到厕所如厕。当狗狗在犬舍排了大便，应将狗狗拉到粪便前训斥，并当场铲起粪便，一同带到它的厕所处理，让它明白哪里才是对的排便地方。

狗狗并不能一下子搞清楚自己上厕所的地方，主人要及时检视狗狗的生活环境，给它创造舒适便捷的空间。可以将生活空间与厕所分开，把厕所安排在一个相对安静的角落，同时可以将已经沾有尿液的尿布垫放在该处，狗狗能通过辨别尿味记住自己厕所的位置。也可以在狗狗排泄时，蹲在它的旁边发出“嘘～嘘～”之类的声音，让狗狗养成一听到这种声音就想要排泄的习惯。

主人的教育态度影响着狗狗的学习能力。狗狗一开始会出现随意大小便的问题，或借助此方式标记自己的势力范围，主人要重视该问题，并及时对狗狗进行基本的行为教育，共同努力，打造舒适干净的家庭环境。严肃对待如厕问题，耐心指导。在狗狗做错时，给予适当的斥责，以帮助狗狗改正不良习惯；在做对时，给予夸赞奖励。

给狗狗一个舒服的“卧室”

犬舍是供给犬定居生活、进行日常管理活动的必要场所。犬舍的结构、环境条件、犬舍的管理及设备，都与狗狗的健康、繁殖和训练有直接关系。

一般会根据狗狗的体型与种类考虑给它搭建专属的舒适卧室。

市面上能买到的室内犬舍多是为玩赏犬营造的，款式多样，可以作为运输笼。主人也可以根据自家的住房条件和狗狗的习性，为它亲手打造。最简单的室内犬舍可用硬纸箱或木箱等在内铺垫些报纸或旧布。若从长远及美观考量，主人可以根据需要选用木材、塑胶、玻璃纤维、铝板、三合板、五合板、藤条、不锈钢等材料来搭建犬舍。每种材料都有其优缺点，日常要注重维护，密切留意整体环境是否舒适，要能保护好狗狗的皮毛，夏季防暑工作也要做好。

室外的犬舍主要供给中、大型犬使用，市面上一般无销售的成品，主人要亲手搭建。搭建前的地点选址也要认真考量，应选择通风良好、地面排水方便、平常能够保持干燥、没有过多的闲杂人员出入、不受噪声干扰，而且在主人能随时查看的地方。由于室外犬舍多处于露天，会遭受风霜雨雪的侵袭，选材可以使用水泥砖、钢筋架、木头等。犬舍的高度与宽度，要结合狗狗的体型。用作犬床的地板，用木板铺设为佳。出于通风和防潮的需要，犬舍留有窗户更为合适。

Tips

1. 狗狗睡觉时注意把灯光调暗。

2. 如果将狗狗的犬舍设置在人来人往的地方，狗狗会时刻保持警惕，导致精神上无法放松而产生压力。

3. 狗狗很怕热，若将狗狗饲养在屋外的话，要注意避开阳光照射强烈的地方。

不要让狗狗睡在主人的床上

很多主人将狗狗当作自己的孩子，对它宠爱有加，但在睡觉方面，狗狗和主人应该分床睡。狗狗是非常黏人、贴心的宠物，它习惯随时随地紧贴着主人，当主人躺在沙发或者床上休息时，它们也喜欢跳上去，趴在主人身边。很多主人都有和狗狗一起睡觉的经历，这种习惯一旦形成就很难改变。

狗狗爬到沙发或床上，其实非常不卫生，狗狗会将狗毛带到床或沙发上，狗毛和皮屑都是很容易引起人体过敏的。其次，狗狗身上有时还会有一些寄生虫或跳蚤，如果狗狗和人一起睡觉，非常容易传染给人，使得人类患病，如狂犬病、流行性乙型脑炎、弓形虫病等都是常见的传染病。因此，一定要杜绝狗狗往床或沙发上爬，主人也要让狗狗喜欢上它自己的床。

任何时候，当狗狗想跳上沙发或床上时，主人都要阻止，不要让它们把沙发或床当成自己的窝。当狗狗想睡觉时，要马上将它领回自己的床上。狗狗若反抗，可以给它一根骨头，让它在狗床上啃。如此训练数次以后，狗狗就会很温顺地待在自己的狗床上，慢慢习惯待在自己的床上休息和睡觉。

还可以买一个狗笼子，里面放个小垫子，晚上睡觉时把笼子门关上，这是比较简便的方法。这样狗狗每天晚上睡得很安稳，就像有自己的空间，同时还能保持房间卫生。记住，要在狗笼子中放点水，狗狗睡觉时有醒来喝水的习惯。其实主人和狗狗同睡并不利于狗狗养成独立的个性。有的主人会发现狗狗自己在家的时候老是喜欢捣乱，回到家时家里就变成战场似的，鞋子、衣服都被狗狗咬得稀烂，这些都是狗狗缺乏独立性的表现。而且主人和狗狗同睡会使狗狗没有了主人的概念，变得不听主人的话，在家随地大小便。因此，狗狗最好不要和主人“同床共枕”。

让狗狗能够理解主人的简单口令

当主人说："乖，趴下！"狗狗就很听话地趴下来。这样的人狗互动，是一件非常有趣的事情，也值得骄傲！很多主人在养了狗狗之后想要狗狗听懂自己的话，那么这种互动究竟要从哪里开始着手呢？如果你还没有找到方法，那建议你先从简单的口令训练开始。

训练狗狗理解主人的口令，最好是在狗狗半岁左右，在狗狗很小的时候对它进行这种口令训练。一旦狗狗理解了这种口令，就会记住一辈子。

最开始时，口令不能烦琐，最好是一个单字，不停地重复这个字，狗狗就会理解。可以把很多比较长的短语，浓缩成一个单字或者一个词语。开始时一边说"乖"或喊它的名字，一边给狗狗吃东西。注意先呼喊（说"乖"或名字）再给食物的顺序十分重要，在说"乖"和给食物之间，稍稍停顿一下。很快地，狗狗对主人说的这个口令就会有反应，而且开始期待主人给它奖品。

当主人已经成功地教会狗狗"乖"或呼喊名字这个口令时，主人就可以教它分辨对错。现在主人可以和狗狗练习一下握手，简单呼喊出"握手"一词，此时狗狗肯定还没有反应过来，你可以主动伸出自己手去牵起它的手，练习几次后，你可以伸出自己的手示意它递出自己的手，当它做到时用"做得好""好棒"等任何一个你觉得简单的夸奖词；当它做错时，明确指出这"不对"，可是轻轻拍打它。慢慢地它也会明白你的对与错的意思。

简单的口令可以重复做大约 20 次，让狗狗多听，它慢慢就能记住这个口令了。当狗狗做对时一定要及时给予鼓励，这样它就会变得有自信了，也乐于学习。

要培养狗狗完美的用餐仪态

培养狗狗优雅的吃饭姿态并不困难，只需注意日常生活中的小细节，就能避免狗狗养成坏习惯。

首先，要让狗狗有自己固定的吃饭地点。无论是正餐还是小零食，主人都要放到狗狗固定的食盆里，久而久之，狗狗饿了或想吃东西时会主动在食盆旁边转悠。

有时候你会发现自己已经给狗狗喂食狗粮了，可是等到自己吃饭时，狗狗还是会跑到自己的脚边讨食。遇到这种情况，就算你再宠爱它，也不能给它吃，否则一旦养成了坏习惯就很难纠正了。此时，你可以把狗狗从餐桌带离，或者将饭菜放到狗狗看不到的地方。如果狗狗非要吃，可以试着在饭菜中加些“料”，比如少量的辣椒，让狗狗吃一口就再也不敢碰了。主人吃饭前先喂饱狗狗，这样在你吃饭时，它就不会因为饥饿而向你乞食甚至是围着你的餐桌流口水。如果狗狗只是因为闻到味道觉得新鲜，一直站在你身边，你可以轻轻拍一下它的鼻子，让它退回去。

在纠正了狗狗嘴馋的坏习惯后，狗狗进食时的姿态也要用心调教。主人给食时，狗狗通常表现得很兴奋，有时会跳起来扑人，并发出叫声。主人需用狗链拉着狗狗，或用手挡住狗狗，不让其进食，嘴里叫着“不准吃”的口令，而且不许狗狗往前挪动半步。

这时要让狗狗在食具前坐好，若狗狗按照口令做好了，主人可立即抚摸狗的脑袋，夸奖它，然后发出“吃”的口令，放手让狗狗进食。如此反复训练，狗狗就会渐渐养成没有主人命令就不进食的习惯。

最后，要将食用的时间控制好，太快把食具收起来狗狗进食时就会狼吞虎咽，若时间过长，狗狗就会慢慢吃，一会儿吃一点，过一会儿再吃一点，这样对狗狗都不好。进食的时间应控制在 30 分钟左右，时间到了，就必须狠下心把食具收起来。在进食时，也不能纵容狗把食物从食盆内弄到外面，或打翻食盆，出现了则要加以制止。

不要让狗狗养成随便撕咬物品的习惯

大多数种类的小狗，在换牙期都会撕咬东西，以达到磨牙的目的，这是狗狗的遗传天性，不是小狗学坏。因此，当狗狗乱咬东西时，不要只顾着责骂，要先弄清楚狗狗是否处在磨牙期。但撕咬东西确实是一个坏习惯，主人一定要严肃教育狗狗。若是处于磨牙期的狗狗或单纯的啃咬习惯，可给狗狗买一些洁牙骨或者可以咬玩具；若只是狗狗出于调皮，则要严厉阻止并批评。

如果发现狗狗在啃咬物品，必须立即阻止。具体方法是当狗狗在啃咬物品的时候，立即把东西从狗狗的嘴巴中抽出来，如果狗狗咬着不放，可以用手轻轻把其嘴巴扒开，然后把物品拿走。在拿走物品的时候，主人可以反复地跟狗狗说："宝贝，不能吃。"要是狗狗不听话，仍旧不停地咬其他东西，主人可以斥责狗狗，或者轻轻地拍打它的鼻子、头部作为惩罚。当狗狗不再撕咬东西的时候，主人可以给狗狗一些鸡肉干或者牛肉干当作奖赏。它每次乱咬东西的时候，就赶紧把东西夺过来，然后用固定的命令呵斥它，再用软的东西轻打一下它的鼻子，这样时间长了，它就不会再乱咬东西。

如果你想对狗狗撕咬的坏习惯进行纠正训练，首先要把狗狗拴住，然后在它周围放一些爱咬的东西，在旁边看着它，每当它乱咬东西的时候，就用固定的命令大声呵斥它，再打它一下。这样坚持一段时间后，才可能改变它的坏习惯。对于电线、桌椅、沙发等固定位置的物品，若发现狗狗有啃咬的情况，为了刺激狗狗，让它记住这些东西不好惹，可以在狗狗爱啃咬的部位涂辣椒水或辣椒粉，只有受教训狗狗才会更容易长记性。

懂得握手的狗狗很可爱

懂得握手的狗狗，肯定会让陌生人觉得很可爱，狗狗得到他人的喜爱，主人也会非常开心。很多狗狗都会握手，其实只要掌握训练技巧，握手动作是非常简单的，你的狗狗也能在短时间内学会。

首先来了解一下为什么很多狗狗能够轻松地学会这个动作吧。这是因为幼犬在哺乳期，要通过前爪按压母狗的乳房来刺激分泌奶水，长大后，这个抬起前爪抓挠的动作沿袭下来就成为狗狗向主人要求食物或抚摸的索取动作。而握手也正好与狗狗的这个动作相似，所以很多狗狗都能轻松地学会这个动作。

其实教学的重点在于让狗狗听得懂“握手 = 把脚抬起来”或看得懂“手伸过去 = 把脚抬起来”。主人可以坐在一张沙发上，然后让狗狗站立在双腿之间。让狗狗的前脚掌双脚离地，主人拿着一块食物说：“乖，握手！”然后伸出自己的左手去握狗狗的右手，然后喂食给狗狗。每天都可以和狗狗练习这个动作，一天可以做 20~30 次，以加深狗狗的印象，相信你的狗狗很快能学会握手动作。

当狗狗有一定的训练基础时，或者是你们有一定的默契时，你不必再坐着，而是让狗狗坐着，自己站着或半蹲。当狗狗坐定后，你用手轻点它的左前脚，狗狗天生本性就会挠你，当狗狗的左前脚自然抬起时，你就趁机握住它，并对它说“握手”。

接下来你要反复练习这个动作。如果当你发出“握手”的口令狗狗没有抬起前左脚，你可以试着拨动它的左前脚，接着狗狗的左前脚就会很自然地抬起悬空，这时你仍要不断地重复口令“握手”，并将它的左前脚抓住。当狗狗做完动作，马上给予点心作为鼓励。这时你应该表现出很高兴的样子，让狗狗感觉到你很满意它的做法，可激发它的学习激情。

让狗狗学会握手，是一件充满乐趣的事情。其实主人只要用心并充满耐心，狗狗一定会在很短的时间内学会握手。以后，只要它发现主人生气了，也会主动伸出小手去讨好主人。

教狗狗向主人说 Bye-Bye

懂得送主人出门的狗狗，是非常惹人怜爱的。主人出门前，总有只可爱的狗狗在主人的脚边，慢慢地尾随着主人，当主人到了门口，向它伸出一只手，左右摇一摇，说：“宝贝，再见！”狗狗就立刻双脚站立，伸出一只小爪子，向主人挥一挥（或摇摆一下），这是多么温馨的画面！

主人可以很容易地训练狗做出“再见”的动作。首先，需要让狗狗蹲坐，双手握住狗狗的前爪，保持这个姿势一段时间，以帮助狗狗进行平衡训练。然后，让狗狗坐下与主人面对面，主人可以左手握住牵引绳，右手拿零食引诱。如果害怕项圈勒着狗狗不舒服的话，可以选择胸背式的牵引绳，狗狗舒适也会更加配合。最后，把狗狗喜欢的零食举到狗狗的头顶，当狗狗抬起前腿的时候，轻轻提起项圈，让狗狗保持站立的平衡姿势，并对狗狗说“拜拜”或者“再见”，如果这个姿势可以维持 2~3 秒的话，就给予狗狗奖励。

做动作时都要使用口令，慢慢地狗狗就能形成条件反射。记住不要让狗狗用嘴巴直接将零食吃掉，而是将狗狗的前脚掌抬离地面，让狗狗用一只前脚掌来触摸主人手中的零食，这样让狗狗习惯双脚离地，或者是一只前脚掌伸出来的姿势。再见的动作比握手的时间要长，而且没有支撑，要让狗狗慢慢掌握平衡。一开始练习时可能狗狗会因找不到平衡而东倒西歪，但你要耐心指导，最好能将每一个训练的动作当成一次游戏，这样你和狗狗都能够乐在其中。长时间训练以后，狗狗只要听到“再见”的口令就会做出只用后腿站立，手臂上抬摆动的“再见”动作了。

运用手势训练狗狗

狗狗跟人类的语言是不通的，在训练狗狗时，如果仅仅是跟狗狗用人类的口令语言来沟通，可能会比较困难。但如果手势和口令并用，可以让狗狗和主人之间的沟通更清晰简单，也会使主人的命令更容易被理解。这种互动一旦达成默契，主人不用说话，只要一个手势就能让狗狗理解主人想做什么。

怎么让狗狗理解这种手势呢？非常简单，就是在训练狗狗时，手势与口令同时发出，并要重复做，直到狗狗能够将这种反应刻在脑海中。不仅要让狗狗能够很清晰地区分主人发出的指令，还要让狗狗能够区分细小指令之间的差距。比如握手和再见，两者都是让它把手抬起来，“握手”是要把手搭在你的上面，而“再见”侧重于让它摆一下手。比如让它躺下和让它坐下的命令，如果你都是手向下压的动作，就不容易让狗狗理解手势的意思。一般情况下，躺下是掌心向下，而坐下是掌心向外，与手臂呈“L”形。训练狗狗时，同一个动作的手势要绝对一致，每次发出的口令和要求与狗狗做的动作应该吻合，主人自己首先不能混淆，不然狗狗会更晕的。训练狗狗时，手势要明显，狗狗的视力天生比较弱，同时，这样也方便对跑动中的狗狗发出指令。

要使服从训练能够简单顺利地进行，可参考下面的三个方法：

1 **用语言发号施令。**

2 **用狗绳等道具通过肉体传递信号。**

3 **主人通过手或身体等形体动作进行训练。**

如果能同时运用这三个办法就更好了。特别是刚开始进行训练时，狗狗还未能理解口令，这时用手或狗绳等辅助手段，则能更好地传达训练的目的。

利用食物训练狗狗坐下

“坐下”训练在狗狗的日常训练中是较为基础的科目，主人训练狗狗时也应当从简单的开始，慢慢培养狗狗的服从性，使狗狗服从于主人的指挥，并且为更高级科目的训练奠定基础。通过日常的练习，你会发现狗狗的体质和胆量会增强，身体的平衡性和灵活性也有所提高，自己与狗狗之间的关系也更加亲密了。

训练狗狗正面坐时，主人可以蹲或站在狗狗面前（注意把狗狗引到自己的对面），然后用右手做出“坐”的手势，即右侧大臂侧伸，与肩同高，小臂向上，掌心向前，呈“L”形，然后自然落下。紧接着发出“坐”的口令，同时用左手提牵引带，示意狗狗坐下。待狗狗坐下之后，主人应该给狗狗一声奖励或者轻轻抚摸它的身体，同时将小零食喂给狗狗吃。

经过反复的练习，狗狗对正面坐手势即可形成基本的条件反射。一开始可能要在离你较近的地方，而且还可能需要你的手放在狗狗屁股上往下压，但到后来就可以逐渐拉长你们之间的距离，甚至是 50 米以下它都能在听到口令后马上坐下。

Tips

狗狗正确的坐下动作是前肢垂直向下，后肢弯曲，臀部着地，头部自然抬起，面朝正前方，尾巴平伸于地。待狗狗保持坐下姿势时，主人要细心留意狗狗的动作是否规范，特别是臀部和后腿部，如果发现不正确要及时纠正，否则狗狗习惯了不良的坐姿就很难改变了。

训练狗狗趴下

当狗狗学会坐下后，可以在此基础上训练狗狗趴下，也称作“卧下”。趴下的姿势适合于狗狗休息或制止它扑人时使用，并且在没有得到主人的下一个指令之前不得起来。

训练时，主人先命令狗狗坐下，等它坐好后，走到它的面前1~2步处，面向狗狗，左手持牵引绳，右手做出“趴下”的手势，即右手向前平伸，掌心向下，与肩同高，随后自然下落。同时要发出“趴下”的口令。此时要用左手适度扯拉牵引绳，以示意狗狗趴下。

如果狗狗能够按照指挥做出趴下的动作，你就要用食物、抚摸或“好”的口令给予奖励。如果狗狗不能马上反应过来，可用左手适当辅助，按压狗狗的肩胛部，再向前牵拉它的两条前腿。

Tips

1. 正确的趴下姿势是使狗狗的身体后部平稳地落在两个后足上，两个前足向前伸出，头颈部稍微昂起，眼睛向前。主人在训练时要细致检查狗狗的趴下姿势是否正确，若稍有偏差，请及时纠正，避免狗狗形成不良的习惯。

2. 主人发出“趴下”口令前，一定要考虑周围地面的具体情况，如卫生程度、干燥程度、是否平坦等，以免弄脏狗狗的毛发或造成其身体不适。

3. 要提醒主人的是，趴下和坐下训练不要总是连在一起训练，不然狗狗会产生条件反射，直接在坐下后趴下了。

改正狗狗的坏习惯——扑人

大多数的主人都曾遇到过这样的情况，不管见到谁，狗狗都会非常热情地扑向他。如果遇到怕狗狗的人，狗狗则会给对方造成麻烦。狗狗扑人是非常不礼貌的行为，当它有这种举动时，主人一定要矫正，主要可以从以下几个方面着手：

首先，要对狗狗讲“道理”，不要斥责它，狗狗觉得扑到一个人身上，是一种热情、撒娇的举动，并没有想到这样的行为会给主人带来困扰。所以，主人应该理解狗狗的热情。碰到这种情况的时候，不要马上大声斥责或者动手打它，而要用比较平常的肢体动作跟它互动，将它推开，把它的热情浇灭，或者让它的情绪平复下来。狗狗太过黏人，一定要训练它，让它明白主人出门是一件很平常的事情，它应该自己习惯在家，同时还要让狗狗明白，主人们偶尔也会喜欢相对安静的空间。

其次，狗狗扑上来时，要马上驯服它，绝对不要惊慌失措。如果主人是坐着的状态，可以马上站起来，让狗狗退开；如果是站着，可以马上后退一步，让狗狗碰不到。若是狗狗仍然不放弃，就用膝盖或身体把狗狗推到墙角。记住，不要用手一边推它又一边抚摸它，这样会让它混淆，以为主人是想亲近它。

最后，做基本服从训练。在狗狗有想扑人的动作前，立即下达基本的指令和手势，例如坐下、趴下等，这些都是转移狗狗注意力的方法。

狗狗打架的处理对策

狗狗有争强好胜的天性，一旦狗狗没有被束缚或者挣脱了主人的牵引绳，两只狗狗很容易纠缠扭打在一起。在这种情况下，主人千万不要靠近它们。因为当主人站在狗狗身边的时候，狗狗会潜意识地以为，这是主人对自己行为的一种鼓励，会打得更加疯狂、猛烈。

当狗狗扭打在一起后，主人可以利用身边的物品把它们分开；如果身旁有水，也可以拿水浇它们，使它们受到惊吓而分开；或是利用声音分散它们的注意力，再把它们分别带离；主人还可以大声呵斥，或用“坐下”“趴下”等口令。

佩戴项圈的狗狗最神气

出门遛狗狗时，为狗狗佩戴项圈是出于两方面的考虑：一是束缚狗狗，以免狗狗失去控制攻击其他的宠物或者行人；二是保护狗狗的安全，以免狗狗走丢或者失去控制。

狗狗天生排斥束缚它们身体的工具，为了让狗狗适应这些项圈，最好在狗狗还小的时候就佩戴项圈，让它从小就习惯。项圈佩戴要适度，不能太松，也不能太紧，太松可能会导致狗狗挣脱项圈，太紧狗狗又会感到不舒服。只要佩戴项圈时，没有被强烈束缚的感觉，狗狗通常就不会排斥佩戴项圈。要给狗狗一个暗示，佩戴项圈后，狗狗就能比较自由地随主人出门散步或者购物，能够到外面尽情地跑跑跳跳，这样它们肯定会非常乐意地带上项圈。

狗狗在家中可以不佩戴项圈自由

活动，但准备出门之前给它带上它会反抗，你要用前面所学的“坐下”口令让狗狗安静下来，再帮狗狗佩戴好项圈，佩戴好后发出“好”的口令，以赞扬狗狗的良好表现，狗狗慢慢就会认为佩戴项圈会被夸奖，便不会反抗并乐于让你戴上它了。

出门时让狗狗学会随行

随行是训练狗狗靠近主人左侧并排前进的能力，这个训练有利于狗狗在日常外出行进时不超前、不落后，同时能避免狗狗走丢。随行训练可分三个阶段进行：

STEP ①
初级随行训练

训练开始时，主人先带狗狗在相对空旷的地方行走，然后让狗狗在自己左侧停下。紧接着呼喊它的名字，让它看向自己，此时做出“随行”的手势，即把左手自然下垂，用手掌轻拍左腿，并发出“随行”口令，可适当用左手拉一下牵引绳，以带着狗狗前行。在前行的过程中，如果出现狗狗步行缓慢落于自己身后或脚步较快走于自己前面，又或者是偏离自己的左侧时，你再重新发出“随行”的口令，并借助牵引绳调整狗狗的位置，让它回到你的左侧一同行走。若狗狗能正确随行，要及时夸赞它“好”的口令或抚摸鼓励。经过反复训练，狗狗在听到“随行”口令及看到手势时便形成靠立在你左侧行走的习惯，正确的条件反射是进行下一步强化训练的前提。

STEP ②
中级随行训练

前面的随行训练只是向前走，现在可将难度升级，调整步伐的快慢和改变前进的方向等。当主人要变换步伐或改变方向时，要发出“随行”的口令并扯拉牵引绳。如果是减慢速度，可将牵引绳往后拉；如果是加快速度，可将牵引绳往前拉；向左转弯时，向左前方拉牵引绳；向右转弯时，向右前方拉牵引绳。当狗狗能按照指令完成时要适当鼓励。

STEP ③
高级随行训练

高级随行训练必须在狗狗熟练掌握前两个阶段的训练后再进行，因为这个阶段的训练重点是在不使用牵引绳的前提下，狗狗根据主人的口令即可快速完成随行动作，这对狗狗的服从性要求较高。

训练狗狗安静休息的技巧

大多数的狗狗都很活泼好动，还会有点神经质，带着警戒心，对外界的事物很敏感，也特别容易感到焦虑和紧张。要舒缓狗狗的情绪，让它放松休息，可以准备舒适的“狗窝”，让狗狗习惯在自己的窝里休息。狗窝里可以铺上软垫或主人不穿的旧衣服，使它感到狗窝是最舒适的地方。狗窝附近不要堆放太多物品，最好远离电视机、音响等会发出声音的家电，保持狗窝附近的安静和清洁，狗狗待在那儿就会觉得放松。还要远离灯光。要是狗狗感到慌乱，并且不停地打转，主人可以把狗狗带离光亮处，带到昏暗的角落，就能减少它的焦躁不安，使其愿意安静休息。

当然也可以借助“安静”口令，让狗狗在躁动时冷静下来。主人可以在狗狗不注意时，静悄悄地走到狗狗的旁边，狗狗此时可能会因为你的惊吓而吠叫，你要及时发出“安静”口令，并结合用手轻击狗狗的嘴巴或握住嘴巴的动作，阻止狗狗吠叫。当狗狗听从指令停止吠叫时，你可以给予表扬或奖励。

该训练可以在狗狗遇见陌生人时，肚子饿而吠叫时，主人日常训练时可结合不同的场景对狗狗发出动作口令，以此规范它的行为。

制止狗狗乱冲撞的坏习惯

主人带着狗狗出门时，如果不给狗狗戴项圈，狗狗就会在开门之后迅速地蹿出门，让主人没有办法控制狗狗的行为。其实这种行为是狗狗的一种天性，它们在没有被驯养前习惯了这种野性，也习惯了没有圈养的生活。为了制止狗狗出门乱冲撞，最好给狗狗戴上项圈或者牵引绳，并训练狗狗能够听懂一些基本的口令，让狗狗能够听懂主人说的话，并能做出反应。

如果在出门前狗狗还是很兴奋，那就暂时不要开门，在屋子里面平复狗狗的心情，直到它情绪平静为止。主人首先要把门关上，让狗狗察觉不可能立即出门的讯息，然后主人可以说“趴下”“坐下”等命令，能制止它飞奔出去的冲动。等狗狗乖乖听话后，给它吃点小零食，再带出门活动。

如果能让狗狗掌握“禁止”的口令，也许能在一定程度上制止狗狗乱冲乱撞的行为。因为禁止训练就是为了培养狗狗听从主人“非”“不”的口令，立即停止咬人、畜、禽等不良行为，还有随地捡食和撕咬破坏物品的行为。

一开始训练时，主人可以控制好吸引狗狗注意的物件或动物的个数，以防止狗狗过度兴奋，因为这样不便于主人纠正狗狗的坏习惯。训练中，主人适当将牵引绳放长，让狗狗有一定的自由活动空间，并且密切留意狗狗的一举一动，当它有不轨意图时，如扑向小动物等，你应该用带有威胁性的语气发出“不”的口令，同时用力牵扯牵引绳，让狗狗靠近自己以制止它的扑咬行为。当狗狗能听从口令及时停止不良行为时，你要用“好”的口令加以鼓励。

狗狗的忠实玩伴——玩具

狗狗像人类一样成长的过程中也需要玩具的陪伴，这跟我们小时候玩娃娃、小卡车是同样的道理，在玩耍的过程中，我们便会收获快乐。

主人在狗狗玩具的选择上要用心，一般选择不容易磨损的、没有异味的、材质类型多样的。在众多的玩具中，飞盘游戏得到众多狗狗的喜欢，它的运动量也大，能帮助狗狗锻炼身体。但并不是所有的狗狗都适合接飞盘的训练，由于体型的原因，很多狗狗，例如腊肠，是不适合玩飞盘的，并且对于那些6个月龄以下的未成年幼犬，还是让它们快乐地享受童年时光比较好。过早开始训练很可能使发育期的幼犬太过疲劳，甚至受伤。而对于一些年龄过大的狗狗，

剧烈的运动也不合适。

同时，主人还必须了解，由于狗狗的身材原因，狗狗需要的飞碟大小也不一样。嘴巴比较扁平、偏大的狗狗，可以用相对较大的飞盘；而嘴巴偏小的狗狗，则应该用比较小的飞盘。另外，有的狗狗喜欢安静的生活，不是很喜欢这种竞技强度很大的活动，最好不要逼迫狗狗玩耍。

让狗狗学会捡玩具球

这是跟狗狗玩游戏最简单的一个方式。供狗狗玩耍的玩具球，大多数都可以供狗狗磨牙，且在玩耍的时候会发出声音，能够吸引狗狗的注意力。主人和狗狗玩这个游戏的时候，最好是在户外。让狗狗站在身边，自己手中拿着球并在狗狗面前摇一摇，此时球中的铃铛就会发出声响，吸引狗狗的注意力。然后将球往外扔，刚开始练习的时候，不要将球扔得太远，以免狗狗不好控制，捡不到球。狗狗会随着扔出去的球跑出去，这个时候主人就可以站在狗狗的身后，对狗狗说："乖！捡回来"，或者是用拍打手掌的方式吸引狗狗的注意。因为狗狗捡到球后可能会在原地玩球，完全忘记要将球衔回来。这个时候，主人可以用一些小零食作为勾引工具，将狗狗吸引回来。经过一段时间的锻炼，你发出"回来"信号时，狗狗便会主动回来，而不会沉浸在玩具中。

Part

06

狗狗 生病怎么办

犬是人类忠诚的伴侣，它会用一生的时间陪伴主人，可是狗狗们也像我们一样会罹患各种疾病，万一你的宝贝狗狗生病了，要怎样照料它呢？日常多积累一些狗狗们常见疾病的预防和治疗的知识。当宝贝狗狗生病时，你也能立即给它细心的呵护和照料，让它迅速恢复健康活泼的状态。

狗狗常见病必备的药物及其治疗用途

有经验的主人会在家里准备一些常用药物，以便狗狗突然生病、受伤时第一时间进行急救处理。

抗生素类药物（用于杀灭病菌）

药名	给药途径	剂量	间隔时间
阿莫西林	口服	11~22 毫克 / 千克体重	8~12 小时
四环素	口服	25 毫克 / 千克体重	8 小时
红霉素	口服或静脉注射	5~20 毫克 / 千克体重	8 小时
酮康唑	口服	15~30 毫克 / 千克体重	8 小时

消毒防腐药物

药名	用途	浓度
乙醇	常用于皮肤及体温计等一般器械消毒	70%（按重量计），75%（按容量计）
过氧化氢溶液（双氧水）	可在扁桃体炎、口腔炎及白喉时用于口腔冲洗	1%
	常用于冲洗创面和溃疡，尤其适用于厌氧菌感染，出现化脓性中耳炎时可清除耳内脓液	3%
高锰酸钾（PP 粉）	用于冲洗阴道	0.0125%
	冲洗创面及水果等食物消毒	0.1%
	可冲洗被毒蛇咬伤的伤口	1%

抗过敏药

药名	给药途径	剂量	间隔时间
苯海拉明（可他敏）	口服或静脉注射	2~4 毫克 / 千克体重	8 小时
息斯敏（阿司咪唑片）	口服	10.2~30.5 毫克 / 千克体重	24 小时

\ 驱除肠道寄生虫药 /

药名	给药途径	剂量	间隔时间
左旋咪唑	口服	11 毫克 / 千克体重	24 小时

\ 解热镇痛及抗风湿药 /

药名	给药途径	剂量	间隔时间
阿司匹林	口服	10~40 毫克 / 千克体重	12 小时
扑热息痛	口服	10 毫克 / 千克体重	12 小时
痛风宁	皮下、肌内注射	10 毫克 / 千克体重	第一日，8 小时；以后，24 小时

\ 抗溃疡药 /

药名	给药途径	剂量	间隔时间
甲氰咪胍	口服或静脉注射	5~10 毫克 / 千克体重	8~12 小时
氢氧化铝	口服	15~45 毫克 / 千克体重	12 小时

教主人测量狗狗脉搏的小技巧

诊断狗狗的脉搏时，一定要在狗狗处于安静状态下才能进行，否则脉搏数偏多。如果病犬从远处跑过来，要先让它休息 20~30 分钟，平静后才能诊脉。

脉搏次数的测定方法：通常选狗狗后肢股部内侧的股动脉处，检查者要站在狗狗的侧后方，一只手握后肢，另一只手伸入股内侧，以手指肚轻压狗狗的动脉检查。检查脉搏时要注意脉数、脉性和节律。

健康狗狗的脉搏数：成年犬每分钟为 60~80 次，幼犬每分钟为 80~120 次。

脉搏数增加可能是发热性疾病、心脏病、贫血和身体疼痛等原因导致的；脉搏数减少则常见于颅内压增高的疾病（如脑积水）、药物中毒、心脏传导阻滞、窦性心动过缓等。脉搏数无论是增加还是减少，只要偏离正常值，请立即向兽医咨询，避免耽误狗狗的病情。

由排尿可判断狗狗生什么病

狗狗的排尿检查包括排尿姿势、排尿次数和尿量的检查。

◎ 排尿姿势检查

健康狗狗排尿时常取固定的姿势，母犬多取下蹲姿势；公犬则会先提举一侧后肢，有排尿于其他物体上的习惯。若排尿姿势呈病理改变，可能是尿失禁、排尿带痛两种原因造成的。其中，神经型犬瘟热、脊髓或支配膀胱的神经受损会造成尿失禁；膀胱炎、尿道炎和尿道结石等会导致排尿带痛。

◎ 排尿次数和尿量的检查

如果狗狗的肾脏、膀胱、尿道和其他系统出现疾病时，排尿次数和排尿量都可能会发生改变，较为常见的有多尿、少尿、尿闭、尿潴留、尿频和尿淋漓等。其中多尿可能是慢性肾炎、糖尿病和尿毒症等引起的；少尿与肾脏病变有关；尿闭可能存在休克和心力衰竭风险；尿潴留常见于尿道结石、膀胱麻痹、膀胱括约肌痉挛和腰荐部损伤等；尿频和尿淋漓均是膀胱、尿道黏膜兴奋性增高的结果，多见于膀胱炎和尿道炎。

此外，狗狗尿液的感观检查也能对狗狗的身体状况作出判断。该检查主要包括尿液的透明度、尿色、尿味和尿黏稠度。健康狗狗的尿液澄清透明，无沉淀物；尿色由尿黄素的浓度决定的，一般呈鲜黄色；尿液都有一定的尿骚味，且稀薄如水。

在透明度方面，如果出现尿液浑浊的情况，代表尿液中混入黏液、白细胞、上皮细胞、坏死性组织碎片或细菌等，说明狗狗的肾脏或尿道有病损隐患。在尿色方面，当尿量增加时，尿黄素被稀释而尿色变淡；尿量减少时，尿色则会加深。要注意的是，当狗狗正在口服或注射某些药物时，尿液颜色也会有所改变。在气味方面，如果尿液有氨臭味则可能是膀胱炎，因为细菌分解尿素生成了氨；腐败性气味则可能是膀胱炎、尿路感染、坏死或化脓性炎症，使大量的蛋白质分解所致。在浓稠度方面，如果尿液中含有渗出物成分，且浓稠呈丝缕时，可能是存在化脓性膀胱炎和尿道炎等病症。

狗宝宝的克星——犬瘟热

◎ 了解犬瘟热

犬瘟热是由犬瘟热病毒引起的一种高度接触性传染病，主要发生于幼犬，传染性极强。据统计，犬瘟热的治愈率较低，死亡率可高达 80% 以上。犬瘟热症状初期，狗的体温高达 39.5℃ ~41℃，食欲不振，精神沉郁，眼鼻流出水样分泌物，打喷嚏，有腹泻。在以后 2~14 天内再次出现体温升高，咳嗽，有脓性鼻涕、脓性眼屎，这时候已经是犬瘟中期了。同时继发胃肠道疾病，会出现呕吐、拉稀、食欲废绝、精神高度沉郁、嗜睡等症状。犬瘟热发病后期就会出现典型的神经症状，口吐白沫，抽搐，此时比较难治，主要看照料方法。

◎ 细心呵护狗宝宝

本病的发生不分年龄和性别，但以 3~12 月龄幼犬发病最为常见，以 60 日龄到 5 月龄的犬发病率最高。幼犬刚出生，免疫力不高，再加上对外部环境的适应能力较差，若饲养不当，即刚刚断乳不适应喂食或喂得过多、过勤，洗澡过勤以及喂给或误食了不应喂的食品，都容易引发疾病。

因此，刚购买的狗狗，应先到可靠的动物医院注射血清，以增强抵抗力。并且在没有打完所有的免疫之前，不要带狗狗外出，否则容易感染病毒。

预防犬瘟的要点

预防犬瘟热较为可行的是定期注射犬瘟热疫苗或犬五联疫苗。母源抗体的存在直接干扰弱毒苗的效果，因此，3 月龄以下的仔犬第一年内应连续注射疫苗 3 次，每次间隔 2 周，以后每年注射 1 次。对刚购回的狗狗，应进行被动免疫，即注射免疫血清 1~2 次，15~20 日后再进行疫苗接种。平时要搞好犬舍卫生和狗狗身体的清洁工作，避免与外来犬接触，发现病犬要及时隔离治疗。

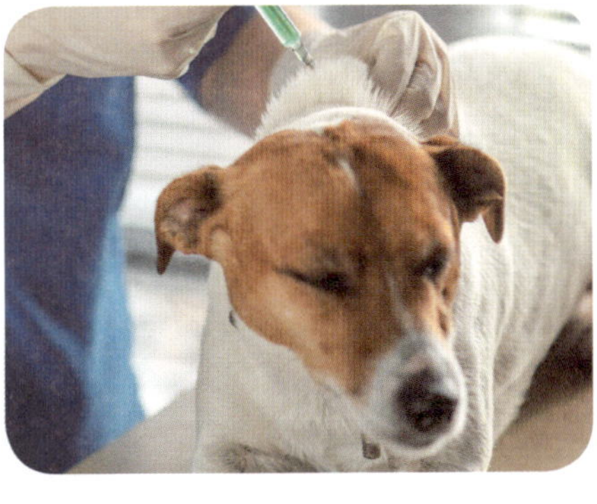

肥胖症也是狗狗健康的杀手

身为一名称职的主人，要随时留意狗狗的健康状况。像人类一样，狗狗肥胖也会引发各种疾病，严重时会对生命造成威胁。

经研究，导致肥胖的主要原因包括运动不足、过量饮食、生活不规律、易胖体质（拉布拉多、腊肠犬等）。

肥胖狗狗与一般的狗狗相比，更容易患上动脉硬化、高血压、糖尿病、关节炎、皮肤病等疾病。此外，在手术时也不容易麻醉，这样会增加手术的风险。

狗狗肥胖症的减肥手段

◎ 狗狗肥胖的判断标准

体重可以作为检查其是否属于肥胖的一项指标（与该犬种的标准体重做对比），更重要的还是要看体型。

1. 腰部曲线：从狗狗身体上方往下看，若看不到腰身，表示有肥胖现象。

2. 触摸肋骨：用手轻压狗狗的侧腹部，若触摸不到或很难触摸到肋骨，则说明狗狗太胖了。

3. 触摸脊椎骨：用手抚摸狗狗背部，若感觉不到脊椎骨，表示狗狗有肥胖迹象。

◎ 狗狗减肥的重要手段

狗狗减肥也需要做好饮食管理和增加运动量。主人要根据狗狗的实际情况制定可行的减肥计划。

1. 饮食管理：控制好狗狗食物的分量；喂给狗狗有饱足感但低热量的食物，以及富含食物纤维和有助于排便的食物，比如胡萝卜、牛蒡等。

2. 增加运动量：适当增加遛狗的次数与时间，带上玩具能让它在散步时多坚持一会儿，这样是最保险可靠的做法。

狗狗常见皮肤病的护理

◎ 湿疹

湿疹常常表现为红斑、丘疹、水疱、脓疱、溃烂及鳞屑等变化过程，并伴有痒痛感。病因可为狗狗皮肤卫生差、生活环境潮湿、异物刺激、内在营养失调或机体免疫力下降等。主人要加强饲养的管理，犬舍要保持通风干燥，给狗狗适当的运动和日光浴，喂给易消化、营养价值高、富含维生素的食物。病犬患部可用1%~2%鞣酸溶液或0.1%高锰酸钾溶液洗擦，注意忌用肥皂。严重时要及时就医。

◎ 荨麻疹

荨麻疹常常表现为皮肤突然出现瘙痒和界限明显的红色丘疹块，一般呈圆形、椭圆形或不规则形。病因可为蚊虫叮咬、蜂蜇、接触到有毒或霉变物质、剧烈运动后遭到风寒袭击等。治疗时，先查明病因，应立即消除致病因素（如接触到霉变饲料等），并给予抗组织胺药物，盐酸苯海拉明2~4毫克/千克体重，口服或静脉注射，每日2次。

◎ 过敏性皮炎

过敏性皮炎病犬主要表现为剧烈瘙痒、红斑和肿胀，有的出现丘疹、鳞屑及脱毛。病因有遗传性、过敏体质、吸入花粉或毛屑、食入变质肉等。治疗时，首先消除致病因素（如吸入花粉等）。局部用药可按皮炎方法进行，即用复方康纳乐霜每日外擦2~3次。若病情严重，请及时送往医院就诊。

不可小视的皮屑问题

造成狗狗出现皮屑问题的原因很多，针对不同的原因也有相应的解决方案，具体如下：

1 **【正常的新陈代谢】**狗狗表皮细胞本来就会不断的生长、老化、死亡并且脱落。只不过狗狗的毛发比人多，这种状况更容易出现罢了。

2 **【疾病原因】**若狗狗感染寄生虫、出现过敏反应或者皮肤发炎等病症，它的皮屑就变得比较多，主人要及时将它送医就诊。

3 **【卫生问题】**给狗狗洗澡能有效除掉其皮肤上的老旧皮屑。洗浴时选用专用去屑洗毛精、宠物去屑专用香波等，要让泡沫停留在狗狗身上几分钟，使药用成分充分发挥作用。

4 **【营养问题】**品质较差的饲料无法满足狗狗的营养需要，也会导致狗狗的毛发健康状况不良，许多狗狗在改用另一种较专业的饲料后，皮屑问题就自然痊愈了。你不妨也试试。

5 **【毛发梳理】**梳毛可使老旧皮屑和已经脱落的毛发刷掉，也能帮助狗狗将皮肤分泌的天然油脂平均分布在每一寸皮肤上。

6 **【油量不足】**狗狗皮屑增大可能是皮肤的油量不足。给狗狗适量涂抹宠物专用鱼油，这样可以帮助狗狗恢复皮肤的正常代谢功能。具体的用法、用量可参考其说明书。

狗狗也会得厌食症

狗狗厌食时会表现出对食物很不感兴趣、吃饭的速度和饭量都有明显减少。如果主人遇到狗狗不愿吃饭的情况，肯定会很头疼。那造成狗狗厌食、变得不想吃饭的原因都有哪些呢?

一种原因是生理性厌食，常见于狗狗换牙期间、发情期、妊娠反应、临产之前。一般没有其他表现症状，精神、体温、呼吸、大小便都正常。同时，天气的变换等外在因素也在考量范围内，因为在闷热潮湿的时候，狗狗的食欲会下降。此外，狗狗在未成年之前，出于成长的需要，几乎是食来张口，来者不拒。当狗狗成年后，骨骼肌肉的生长已基本完成，对食物的欲望也会降低。当然，狗狗挑食的因素也不能轻易排除在外。

另一种原因是疾病性厌食，是疾病的初期症状，往往伴发其他症状，如发烧、呕吐、拉稀、咳嗽、腹痛等。此时要检查狗狗的身体是否患有疾病，可能是精神上的疾病，如恐惧、焦虑和抑郁；也可能是体格上的疾病，如消化紊乱、内分泌失调、器官衰竭或肝、胰、小肠和胃部的炎症。

另外，如果运动量不足，狗狗的消化能力也会随之减弱，对食物的需求量也不会很高。

狗狗厌食症的改善方法

在查找出狗狗厌食的病因后，主人即可对症治疗。

1 如果狗狗是因为生理性的变化而厌食，你无须特别担心，一段时间后狗狗的饮食就会恢复正常。尽量增加食物的适口性就行了。

2 狗狗因挑食而对食物提不起兴趣时，主人要将食物拿走，可在一个小时后再喂一次。狗狗一天没吃饭是不会有大问题的。主人要用严肃的态度来教导狗狗不能挑食。

3 如果狗狗是因暴饮暴食或吃太多不易消化的食物，主人可喂给狗狗助消化的药物。

4 加强体能锻炼，增加狗狗运动量。小型犬可适量增加跑跳运动，多准备一些玩具，让它借助玩耍来锻炼；大型犬要到室外锻炼，以帮助食物的消化吸收，增进食欲。

5 如果狗狗是因为疾病性的原因而厌食，就要及时检查并按照医生的指引对症治疗。

狗狗腹泻的原因及常用治疗方法

造成狗狗出现腹泻问题的原因有很多，针对不同的原因也有相应的解决方案，具体如下：

原因①

◆ 幼犬由于免疫力与体质较差，容易出现腹泻等消化不良的症状。

治疗方法：日常喂食应以容易消化吸收的食物为主，像菜汤、米粥等。

原因②

◆ 狗狗腹泻可能是着凉感冒了。

治疗方法：应及时就医，同时要注意狗狗的保暖。

原因③

◆ 肠胃炎也会导致狗狗呕吐。

治疗方法：如果是细菌性肠胃炎，应禁食 24 个小时，限制饮水，减轻食物对肠胃的负担。然后喂食易消化的流食，如肉末粥，慢慢调理，直到恢复后再逐渐正常喂食。如果观察狗狗的便便带有血，就可以判断狗狗感染了病毒性肠胃炎，应及时就医。

原因④

◆ 狗狗感染犬瘟热，细小的初期症状类似感冒或者肠胃炎的病症，像腹泻、呕吐等。

治疗方法：当狗狗出现流鼻涕、流眼泪、咳嗽、发烧、食欲不佳、瞌睡等情况的时候，可能是感染上犬瘟热或犬细小病毒，此时要立即送狗狗去医院，千万别耽误了治疗。做个检查，对症下药，这样才能保证狗狗的健康成长。

狗狗便秘了

便秘是由于肠管运动功能紊乱，肠内容物滞积于某段肠管（主要在结肠和直肠），其水分被进一步吸收，内容物变干、变硬，造成肠管阻塞，致使粪便通过少或排便困难的一种腹痛病。如果便秘的时间过长，可引起自身中毒，导致病情恶化。便秘多发于中老龄犬。

狗狗便秘多因主人的饲养管理不当，如长期给狗狗喂食较干的食物、喂食过量的骨头、饮水不足等。当然，老弱犬的胃肠功能下降也会导致便秘，要及时发现，及时送医治疗。日常要注意改善饲料的品质，给足饮水，定期做好驱除肠道寄生虫的工作，以防止便秘的发生。

狗狗出现胃肠炎时的护理

胃肠炎是指胃肠道表层及深层组织的炎症，临床上以消化功能紊乱、呕吐、腹泻、腹痛和体温升高为特征。原发性胃肠炎多由食用腐败变质食物、饮用不干净的水，或暴饮暴食引起消化不良等所致；继发性胃肠炎则多由某些传染病和寄生虫病（如犬瘟热、传染性肝炎等）继发引起的。

当炎症局限于胃和小肠的时候，狗狗会出现呕吐，食欲不佳或废绝，饮欲增加，大量饮水后又呕吐。当炎症涉及结肠时，肠蠕动加强，表现为剧烈腹泻，粪便混有黏液和血液。

治疗胃肠炎的原则是除去病因，加强狗狗的护理，清理胃肠，保护胃肠黏膜，维护心脏功能，预防脱水和自体中毒。对单纯性胃肠炎病犬，病情初期要禁食 24 小时，限制饮水，喂给少量易消化的肉汤、菜汤、米粥、热牛奶或少量的瘦肉等。当狗狗出现剧烈呕吐、持续腹泻等症状时，应及时到医院治疗，以免耽误病情。

狗狗呕吐的原因及治疗方法

原因①

◆ 狗狗误食毒药，如扑杀害虫的农药、灭鼠药、毒狗药等。

治疗方法：如果摄入的毒药不多且毒性较弱，狗狗一般会呕吐得比较厉害，伴随有白沫，且无其他明显症状。狗狗吐过就没事了，等它吐完后，喂些葡萄糖口服液即可。

原因②

◆ 狗狗误食家中的日常洗涤用品，如肥皂、洗洁精、洗衣粉水、洗发水、沐浴露等。

治疗方法：狗狗误食洗涤剂一般不会出现严重反应，吐过就没事了，此时喂些水即可。平时要注意洗涤剂的存放，不能让狗狗触碰到。

原因③

◆ 狗狗喜欢捕捉蛇虫鼠蚁，但它们可能具有毒性，触碰到毒液或误食都会出现呕吐症状。

治疗方法：此时呕吐物一般呈胶状泡沫，有腥臭味，舌苔可能呈现暗青色。一般呕吐一两次就停止，吐完可喂给葡萄糖口服液。连续呕吐时要就医。

原因④

◆ 肠胃炎也可能会导致狗狗呕吐。

治疗方法：若病情较轻，应禁食24个小时，限制饮水，减轻食物对肠胃的负担。然后喂食易消化的流食如肉末粥，慢慢调理，直到恢复后再逐渐正常喂食。若严重呕吐，应及时就医。

原因⑤

◆ 骨头和鱼刺卡住喉咙或牙齿间，也可能会引起呕吐。

治疗方法：当狗狗不停用爪子抓嘴和牙齿，还可能狂叫不止时，可以判断狗狗陷入这种困境，应及时向兽医求助。

原因⑥

◆ 狗狗在狂犬病发作时也会引起呕吐。

治疗方法：狂犬病发作疯癫后呕吐的是白沫，是无意识和不规则的吐白沫，并伴有疯癫症状。出现该状况时一定要及时扑杀狂犬，防止误伤人畜及传播狂犬病。处理完要杀菌消毒。

狗狗得了牙结石

◎ 狗狗得牙结石的原因

狗狗牙结石的形成与饮食习惯有重要的关系，人工饲养的狗狗因长期食用湿软为主的食物，不像从前那样要捕猎其他动物，并用牙齿去咬啃骨头、硬物，使得牙齿容易出现牙斑，牙斑是一种柔软呈白色或黄色的黏附物。如果牙斑长期黏附在牙齿上，唾液中的矿物质便会慢慢将牙斑转化为牙结石。

◎ 牙结石的危害

1. 牙结石可压迫、刺激牙龈，引起牙周炎、牙齿代谢障碍而发生蛀齿，或因饲料残渣的蓄积而引起口臭。

2. 在牙龈下方的牙结石是细菌滋生的温床，细菌繁殖容易造成牙龈发炎，这样会使得牙齿周围的骨骼和结缔组织受到影响，严重时会导致牙齿脱落。

◎ 狗狗牙结石的处理方式

牙结石储积在牙齿上，呈黄褐色如水泥状，极其坚硬，一般要用刮的方法才能去掉。刚形成的牙结石都是软软的，早期的牙垢与牙菌斑可用宠物专用牙膏和牙刷来处理。如果牙结石较为严重，可带狗狗到宠物医院，宠物医师给狗狗做全身麻醉后会用超声波仪器帮助狗狗清洁牙齿，效果极佳。

◎ 预防狗狗牙结石的方法

为了防止牙结石的生成，主人要常常给狗狗喂食一些骨头、硬饲料或颗粒料，这样狗狗食用时便起到磨刷牙齿、防止牙结石形成的作用。日常如果发现狗狗的牙齿间有异物，可扒开它的嘴巴，用牙签将异物剔除。

Tips

为了防止口臭、牙斑、牙结石的形成和牙龈炎，保护狗狗的口腔和牙齿健康，主人应定期给爱犬刷牙，建议每周 1~3 次。刷牙时必须从牙冠到牙龈，使整个牙齿都得到彻底清洗，牢记要使用宠物专用牙膏。发现狗狗有蛀牙时，应请兽医拔掉。

狗狗中毒了，怎么办

◎ 有机磷农药中毒

有机磷农药是我国广泛使用的一类杀虫、驱虫剂，常用的有敌百虫、敌敌畏等。有机磷农药中毒是因犬接触或误食有机磷农药而引起的中毒病。在有机磷农药进入机体后数小时内会突然发病，病情较急，病犬会有呕吐、流涎、腹泻、呼吸加快等症状，呕吐物和排泄物呈大蒜臭味。发现病犬时，要先停止其接触疑为有机磷污染的食物或饮水。经仔细观察后对狗狗的病情做出判断。如果是经皮肤中毒的，立即用微温的3%~4%碳酸氢钠水、2%~5%肥皂水、5%石灰水洗涤皮肤。如果是经消化道中毒的，立即用微温的1%肥皂水、3%~4%碳酸氢钠溶液灌服。如果明确为敌百虫中毒，可选用1%醋酸、食醋等喂服。若病情较为严重，请及时送院治疗。

◎ 食盐中毒

食盐中毒是因过量的食盐进入机体而引起的中毒病。狗狗日粮配料错误，食盐混合不均匀；连续喂给含食盐较高的咸鱼、咸海鲜或残羹剩菜；饮水不足或天气炎热等均可诱发食盐中毒。狗狗的食盐中毒量为1.5~2.2克/千克体重，致死量为3.7~4克/千克体重。常于狗狗采食后1~2小时发病，表现症状有口渴、食欲减退或废绝、呕吐等。主人应立即停止喂给含盐过多的日粮或食物，给予足够饮水，也可喂点米汤。

◎ 食物中毒

狗狗食入腐败变质的肉、乳、蛋、鱼、过期罐装食物、发馊的残羹剩饭等均可引起食物中毒。该病发病突然，常在狗狗食入变质食物后的十几分钟或几小时内发病。病犬会出现精神不振、起卧不安、痛苦呻吟、恶心呕吐等情况。主人要立即停止喂食腐败变质食物，改喂脂肪含量少且易消化的食物，口服绿豆汤、牛奶、糖水等。病情严重时请及时就医。